中华人民共和国
消防标准汇编

火灾调查卷

全国公共安全基础标准化技术委员会　编

应急管理出版社

·北　京·

图书在版编目（CIP）数据

中华人民共和国消防标准汇编．火灾调查卷／全国公共安全基础标准化技术委员会编．--北京：应急管理出版社，2023

ISBN 978-7-5020-9222-1

Ⅰ.①中…　Ⅱ.①全…　Ⅲ.①消防—标准—汇编—中国②火灾—调查—标准—汇编—中国　Ⅳ.①TU998.1-65

中国版本图书馆 CIP 数据核字（2021）第 254397 号

中华人民共和国消防标准汇编　火灾调查卷

编　　者　全国公共安全基础标准化技术委员会
责任编辑　曲光宇
责任校对　李新荣
封面设计　罗针盘

出版发行　应急管理出版社（北京市朝阳区芍药居 35 号　100029）
电　　话　010-84657898（总编室）　010-84657880（读者服务部）
网　　址　www.cciph.com.cn
印　　刷　北京建宏印刷有限公司
经　　销　全国新华书店

开　　本　880mm×1230mm 1/16　**印张**　18 1/2　**字数**　565 千字
版　　次　2023 年 8 月第 1 版　2023 年 8 月第 1 次印刷
社内编号　20200362　　**定价**　68.00 元

目录

ICS 13.220.20
CCS C 80/89

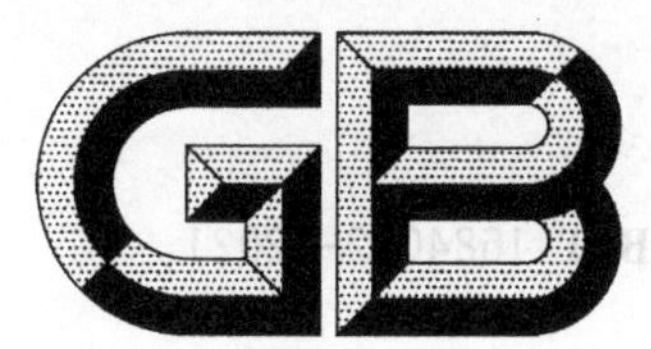

中华人民共和国国家标准

GB/T 16840.2—2021
代替 GB/T 16840.2—1997

电气火灾痕迹物证技术鉴定方法 第2部分：剩磁检测法

Technical determination methods for electrical fire evidence—Part 2: Residual magnetism method

2021-08-20 发布　　2021-08-20 实施

国家市场监督管理总局
国家标准化管理委员会　发布

前言

本文件按照 GB/T 1.1—2020《标准化工作导则　第 1 部分：标准化文件的结构和起草规则》的规定起草。

本文件是 GB/T 16840《电气火灾痕迹物证技术鉴定方法》的第 2 部分。GB/T 16840 已经发布了以下部分：

——第 1 部分：宏观法；

——第 2 部分：剩磁检测法；

——第 3 部分：俄歇分析法；

——第 4 部分：金相分析法；

——第 5 部分：电气火灾物证识别和提取方法；

——第 6 部分：SEM 微观形貌分析法；

——第 7 部分：EDS 成分分析法；

——第 8 部分：热分析法。

本文件代替 GB/T 16840.2—1997《电气火灾原因技术鉴定方法　第 2 部分：剩磁法》，与 GB/T 16840.2—1997 相比，除结构调整和编辑性改动外，主要技术变化如下：

——更改了适用范围(见第 1 章，1997 年版的第 1 章)；

——增加了"规范性引用文件"一章(见第 2 章)；

——删除了"剩磁数据"和"火烧导线短路剩磁"的术语和定义，将术语"雷电熔痕"更改为"雷击熔痕"，增加了"剩磁"的术语和定义(见第 3 章，1997 年版的第 2 章)；

——更改、完善了剩磁检测法原理的有关内容(见第 4 章，1997 年版的第 3 章)；

——增加了分析过程中所需的仪器和试剂，以及其参数(见第 5 章，1997 年版的第 4 章)；

——删除了"雷电剩磁"和"火烧导线短路剩磁判定"(见第 8 章，1997 年版的 6.1.4、6.4)；

——删除了送检及鉴定时应履行的书面程序(见 1997 年版的第 7 章)。

请注意本文件的某些内容可能涉及专利。本文件的发布机构不承担识别专利的责任。

本文件由中华人民共和国应急管理部提出。

本文件由全国消防标准化技术委员会(SAC/TC 113)归口。

本文件起草单位：应急管理部沈阳消防研究所、应急管理部天津消防研究所、应急管理部上海消防研究所、应急管理部四川消防研究所。

本文件主要起草人：邸曼、赵长征、高伟、齐梓博、鄂大志、张明、夏大维、张良、张磊、彭波。

本文件及其所代替文件的历次版本发布情况为：

——GB/T 16840.2—1997；

——本次为第一次修订。

引 言

电气火灾物证鉴定是应急救援消防机构进行火灾原因调查工作的重要组成部分，特别是伴随着国家法制建设的完善，公民法制意识的增强，物证鉴定已作为火灾原因认定的有力证据，为消防救援机构认定火灾原因提供了科学、快速、准确的技术支持。在这方面，我国已经建立了电气火灾痕迹物证技术鉴定方法的国家标准体系。在该标准体系中，GB/T 16840《电气火灾痕迹物证技术鉴定方法》是指导我国相关机构从事电气火灾物证鉴定活动的方法和依据，拟由八个部分构成，目的在于确立对电气火灾痕迹物证进行宏观分析、剩磁分析、俄歇分析、金相分析、物证识别和提取、SEM 微观形貌分析、成分分析和热分析时的方法和依据。

——第 1 部分：宏观法；

——第 2 部分：剩磁检测法；

——第 3 部分：俄歇分析法；

——第 4 部分：金相分析法；

——第 5 部分：电气火灾物证识别和提取方法；

——第 6 部分：SEM 微观形貌分析法；

——第 7 部分：EDS 成分分析法；

——第 8 部分：热分析法。

剩磁检测是我国电气火灾痕迹物证鉴定工作中使用的一种分析方法。本文件是在科研项目《应用剩磁法鉴别导线短路及雷电火灾原因的研究》基础试验数据和多年的实际火灾物证鉴定实际工作的基础上提出的。本次对 GB/T 16840.2 的修订，重点考虑了文件编写和表述的严谨性和规范性，并完善了部分内容，使火灾调查工作者在采用剩磁检测法时有据可依，提高工作效率。

电气火灾痕迹物证技术鉴定方法
第2部分:剩磁检测法

1 范围

本文件规定了电气火灾痕迹物证技术鉴定方法中剩磁检测法的原理、仪器、器材与材料、检材、方法和步骤、判据。

本文件适用于火灾事故调查时,在建筑火灾现场未发现短路熔痕或雷击熔痕的情况下,根据对铁磁性金属导体检测得出的剩磁数据判定是否发生过大电流短路或雷击现象。

2 规范性引用文件

下列文件中的内容通过文中的规范性引用而构成本文件必不可少的条款。其中,注日期的引用文件,仅该日期对应的版本适用于本文件;不注日期的引用文件,其最新版本(包括所有的修改单)适用于本文件。

GB/T 16840.1 电气火灾痕迹物证技术鉴定方法 第1部分:宏观法

3 术语和定义

GB/T 16840.1 界定的以及下列术语和定义适用于本文件。

3.1

剩磁 residual magnetism

铁磁体被导线短路电流或雷击电流形成的磁场磁化后所保留的磁性。

3.2

雷击熔痕 melted mark induced by lightning

金属受雷击电流高温作用所形成的熔化痕迹。

4 原理

由于电流的磁效应,在电流流经的导线或金属导体周围空间产生磁场,处于磁场中的铁磁体受到磁化,当磁场逸去后铁磁体仍保持一定磁性。处于磁场中的铁磁体被磁化后,剩余磁感应强度与电流和距离有关。通常导线中的电流在正常状态下,虽然也会产生磁场,但其强度小,留在铁磁体上的剩磁也有限。当线路发生短路、雷击或建筑物遭受雷击时,将会产生异常大电流,从而出现具有相当强度的磁场,处于磁场中的铁磁体也随之受到强磁化作用,保持较大的磁性。

5 仪器、器材与试剂

5.1 仪器

磁场检测设备:量程为 0 mT～100 mT,分辨率不低于 0.01 mT,使用温度为－20 ℃～＋40 ℃。

5.2 器材

毛刷、镊子。

5.3 试剂

主要试剂有：

——乙醇(分析纯)；

——丙酮(分析纯)。

6 检材

6.1 检材种类

6.1.1 铁钉、铁丝、钢筋或具有磁性的金属构件。

6.1.2 穿线铁管。

6.1.3 白炽灯、荧光灯灯具上的铁磁性材料。

6.1.4 配电盘上的铁磁性材料。

6.1.5 设备器件及其他具有磁性的金属材料，以体积小的为宜。

6.2 检材选取

6.2.1 检材选取技术要求

6.2.1.1 检材应选择有代表性的部位。

6.2.1.2 检材与导线的距离小于或等于 20 mm 为宜。

6.2.1.3 对可能有雷击产生的现场，应根据实际情况进行检测，不受部位限制。

6.2.1.4 在检测之前应对检材所在位置、所处状态及所呈现的形态特征用拍照等方法进行记录。

6.2.2 注意事项

6.2.2.1 对固定在墙壁或其他物体上的检材，提取时不应弯折、敲打和摔落。

6.2.2.2 宜检测受火灾现场温度影响较小的检材。

6.2.2.3 对位于磁性材料附近的检材不应进行检测。

6.2.2.4 经证实提取检材附近的线路曾发生过短路时，不应进行检测。

7 方法和步骤

7.1 准备工作

7.1.1 测量前采用清洗试剂清洗检材表面。

7.1.2 测量前应将检测设备清零处理。

7.2 测量操作

7.2.1 根据检材选择测量点，如铁钉、铁管、钢筋等测量两端，铁板测量角部，杂散铁件测量棱角部位。

7.2.2 将探头(霍尔元件)平贴在检材上，缓慢改变探头的位置和角度进行搜索式测量，直到测量数据稳定时的最大值为止。

7.2.3 探头与检材接触即可，不应用力按压。

8 判据

8.1 数据判定

8.1.1 检材为铁钉和铁丝等

8.1.1.1 测量的剩磁数据小于 0.5 mT,不作为发生短路或雷击的判据。

8.1.1.2 测量的剩磁数据大于 0.5 mT 且小于 1.0 mT,作为判定发生短路或雷击的参考。

8.1.1.3 测量的剩磁数据大于 1.0 mT,作为发生短路或雷击的判据。

8.1.2 检材为铁管和钢筋等

8.1.2.1 测量的剩磁数据小于 1.0 mT,不作为发生短路或雷击的判据。

8.1.2.2 测量的剩磁数据大于 1.0 mT 且小于 1.5 mT,作为判定发生短路或雷击的参考。

8.1.2.3 测量的剩磁数据大于 1.5 mT,作为发生短路或雷击的判据。

8.1.3 检材为杂散铁件

8.1.3.1 杂散铁件包含导线附近的铁棒、角铁、具有磁性的金属等。

8.1.3.2 测量的剩磁数据大于 1.0 mT,作为发生短路或雷击的判据。

8.2 对比判定

当现场中处于不同部位的相同设施上均有电气线路通过时,测量线路附近设施上金属构件的剩磁数据,通过测量剩磁数据的大小,判定具有剩磁数据的设施上通过的导线是否曾发生过短路或雷击。

8.3 磁化规律判定

8.3.1 铁磁体磁性的强弱与其距导体(短路点或雷击点)的距离有关,距离越近其磁性越强。

8.3.2 测量时如发现剩磁值由强到弱的变化规律,结合所测的剩磁数据,可判定该导线或该区域是否曾发生短路或雷击。

ICS 13.220.20
CCS C 80/89

中华人民共和国国家标准

GB/T 16840.3—2021
代替 GB/T 16840.3—1997

电气火灾痕迹物证技术鉴定方法 第3部分：俄歇分析法

Technical determination methods for electrical fire evidence—Part 3：Auger electron spectroscopy component analytic method

2021-08-20 发布 2021-08-20 实施

国家市场监督管理总局
国家标准化管理委员会 发布

前言

本文件按照GB/T 1.1—2020《标准化工作导则 第1部分:标准化文件的结构和起草规则》的规定起草。

本文件是GB/T 16840《电气火灾痕迹物证技术鉴定方法》的第3部分。GB/T 16840已经发布了以下部分:

——第1部分:宏观法;

——第2部分:剩磁检测法;

——第3部分:俄歇分析法;

——第4部分:金相分析法;

——第5部分:电气火灾物证识别和提取方法;

——第6部分:SEM微观形貌分析法;

——第7部分:EDS成分分析法;

——第8部分:热分析法。

本文件代替GB/T 16840.3—1997《电气火灾原因技术鉴定方法 第3部分:成分分析法》,与GB/T 16840.3—1997相比,除结构调整和编辑性改动外,主要技术变化如下:

——更改了适用范围(见第1章,1997年版的第1章);

——增加了"规范性引用文件"一章(见第2章);

——删除了1997年版的全部术语和定义,增加了"孔洞"术语和定义(见第3章,1997年版的第2章);

——增加了分析过程中所需的器材、试剂,以及其参数(见第5章,1997年版的第4章);

——将"判定内容"更改为"成分特征",并对有关内容做了修改完善(见第8章,1997年版的第6章);

——删除了送检及鉴定时应履行的书面程序(见1997年版的第7章)。

请注意本文件的某些内容可能涉及专利。本文件的发布机构不承担识别专利的责任。

本文件由中华人民共和国应急管理部提出。

本文件由全国消防标准化技术委员会(SAC/TC 113)归口。

本文件起草单位:应急管理部沈阳消防研究所。

本文件主要起草人:邸曼、夏大维、鄂大志、张明、吴莹、赵长征、高伟。

本文件及其所代替文件的历次版本发布情况为:

——GB/T 16840.3—1997;

——本次为第一次修订。

引　言

电气火灾物证鉴定是应急救援消防机构进行火灾原因调查工作的重要组成部分，特别是伴随着国家法制建设的完善，公民法制意识的增强，物证鉴定已作为火灾原因认定的有力证据，为消防救援机构认定火灾原因提供了科学、快速、准确的技术支持。在这方面，我国已经建立了电气火灾痕迹物证技术鉴定方法的国家标准体系。在该标准体系中，GB/T 16840《电气火灾痕迹物证技术鉴定方法》是指导我国相关机构从事电气火灾物证鉴定活动的方法和依据，拟由八个部分构成，目的在于确立对电气火灾痕迹物证进行宏观分析、剩磁分析、俄歇分析、金相分析、物证识别和提取、SEM 微观形貌分析、成分分析和热分析时的方法和依据。

——第 1 部分：宏观法；

——第 2 部分：剩磁检测法；

——第 3 部分：俄歇分析法；

——第 4 部分：金相分析法；

——第 5 部分：电气火灾物证识别和提取方法；

——第 6 部分：SEM 微观形貌分析法；

——第 7 部分：EDS 成分分析法；

——第 8 部分：热分析法。

俄歇分析法是我国电气火灾痕迹物证鉴定工作中使用的一种定量分析方法。本次对 GB/T 16840.3 的修订，重点考虑了文件编写和表述的严谨性和规范性，并完善了部分内容，使火灾痕迹物证鉴定工作者在采用俄歇分析法时有据可依，提高工作效率。

电气火灾痕迹物证技术鉴定方法
第3部分：俄歇分析法

1 范围

本文件规定了电气火灾痕迹物证技术鉴定方法当中俄歇分析法的原理、设备、器材与试剂、检材、方法步骤和成分特征。

本文件适用于在火灾调查时，对火灾现场中提取的铜导线短路熔痕截面上孔洞内表面采用俄歇电子能谱仪进行成分分析，以此鉴定铜导线短路熔痕是一次短路熔痕还是二次短路熔痕。

2 规范性引用文件

下列文件中的内容通过文中的规范性引用而构成本文件必不可少的条款。其中，注日期的引用文件，仅该日期对应的版本适用于本文件；不注日期的引用文件，其最新版本（包括所有的修改单）适用于本文件。

GB/T 16840.1 电气火灾痕迹物证技术鉴定方法 第1部分：宏观法

3 术语和定义

GB/T 16840.1界定的以及下列术语和定义适用于本文件。

3.1

孔洞 cavity

在熔痕截面和内部产生的不同大小、形状的气孔、缩孔、疏松等。

4 原理

短路熔痕其内部孔洞的形成机理比较复杂，主要是金属凝固过程中吸附了周围环境的气体被截留在内部组织中而形成。由于一次短路熔痕和二次短路熔痕形成的环境气氛不同，当导线发生短路而熔化并瞬间凝固时，必然将不同的环境气体成分熔入金属中，从而在短路熔痕孔洞内表面遗留下不同短路环境条件的某些特征。

5 设备、器材与试剂

5.1 设备

应具备如下主要仪器设备：

——扫描电子显微镜及其附属设备；

——俄歇电子能谱仪及其附属设备。

5.2 器材

镊子、钳子、导电胶。

5.3 试剂

主要试剂有：

——乙醇(分析纯)；

——丙酮(分析纯)。

6 检材

6.1 检材处理

6.1.1 检材在截取和处理过程中应保证原有状态不受破坏，不引进污染。

6.1.2 截取检材时，应使用镊子持取，不使用手直接触摸。

6.1.3 检材外表面已受到污染时，应用丙酮或乙醇等溶剂清洗干净，待溶剂干燥后再掰开。

6.1.4 将检材用钳子夹住杆部，用另一把钳子把检材的熔痕与杆相接处掰开。

6.1.5 用导电胶把掰开的熔痕固定到样品托上，使熔痕的剖面与样品托表面平行，并保持熔痕的孔洞朝上。

6.1.6 待导电胶干燥后，把检材装入系统中待分析。

6.2 注意事项

6.2.1 处理检材所用钳子的夹持部位，应使用丙酮或乙醇清洗干净。

6.2.2 从掰开检材到装入仪器的操作过程要快，尽量减少检材在空气中的停留时间。

6.2.3 检材分析前不应使用 Ar 离子溅射清洗，以保证孔洞内表面所保留的特征不被破坏。

6.2.4 不应使用溶剂浸泡检材，以保持检材所携带的环境气氛的信息不被破坏(尤其是已掰开的检材)。

6.2.5 暂不分析的检材应放置清洁的容器中保存。

7 方法步骤

7.1 用扫描电子显微镜确定要分析的孔洞内表面位置。

7.2 用电子束扫描成像，放大倍数宜选择在 100 倍～200 倍。

7.3 将俄歇电子能谱仪设置初级电子能量 3 000 eV、初级电子束流 0.5 μA、初级电子束直径小于 2 μm；测量弹性峰时，入射电子能量(E_p)小于或等于 2 000 eV，倍增器高压用 1 000 V；测量俄歇信号时，E_p 可用 3 000 eV、5 000 eV 或 10 000 eV，倍增器高压用 1 500 V 以上，脉冲计数方式，倍增器高压可用到 2 500 V；对选好的分析点进行定点分析。

7.4 分析时应随时调节被分析检材的孔洞位置，确保分析点处于分析器的最佳工作点上。

7.5 应及时调整检材的分析点到分析器间的距离，以保证获得尽可能大的俄歇信号。

7.6 为保证结果可靠，减少统计误差，在有限的检材中，应分析尽可能多的孔洞。

8 成分特征

8.1 一次短路熔痕

碳(C)元素质量分数：9.0％～14.0％；氮(N)元素质量分数：3.5％～4.5％；氧(O)元素质量分数：3.0％～7.0％；铜(Cu)元素质量分数：75.0％～83.5％。

8.2　二次短路熔痕

碳(C)元素质量分数:35.0%～45.5%;氮(N)元素质量分数:0%～2.5%;氧(O)元素质量分数:2.0%～3.5%;铜(Cu)元素质量分数:52.5%～65.5%。

ICS 13.220.20
CCS C 80/89

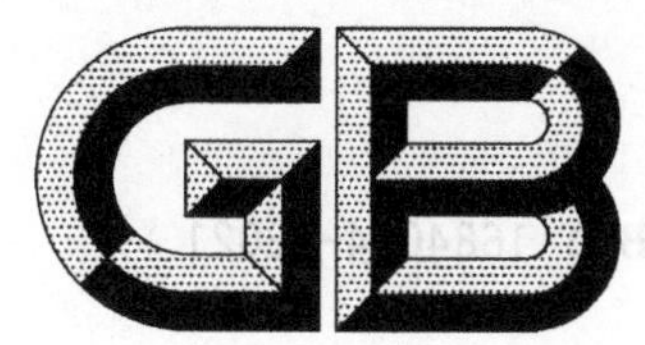

中华人民共和国国家标准

GB/T 16840.4—2021
代替 GB/T 16840.4—1997

电气火灾痕迹物证技术鉴定方法 第4部分：金相分析法

Technical determination methods for electrical fire evidence—
Part 4: Metallographic analysis method

2021-08-20 发布　　2021-08-20 实施

国家市场监督管理总局
国家标准化管理委员会　发布

前言

本文件按照GB/T 1.1—2020《标准化工作导则　第1部分：标准化文件的结构和起草规则》的规定起草。

本文件是GB/T 16840《电气火灾痕迹物证技术鉴定方法》的第4部分。GB/T 16840已经发布了以下部分：

——第1部分：宏观法；

——第2部分：剩磁检测法；

——第3部分：俄歇分析法；

——第4部分：金相分析法；

——第5部分：电气火灾物证识别和提取方法；

——第6部分：SEM微观形貌分析法；

——第7部分：EDS成分分析法；

——第8部分：热分析法。

本文件代替GB/T 16840.4—1997《电气火灾原因技术鉴定方法　第4部分：金相分析法》。与GB/T 16840.4—1997相比，除结构调整和编辑性改动外，主要技术变化如下：

——更改了适用范围(见第1章，1997年版的第1章)；

——增加了“规范性引用文件”一章(见第2章)；

——删除了1997年版的全部术语和定义，增加了“短路熔痕”“短路迸溅熔珠”“电热熔痕”和“非电热痕迹”的术语和定义(见第3章，1997年版的第2章)；

——更改、完善了金相分析法原理的有关内容(见第4章，1997年版的第3章)；

——增加了用于外观形态观察的设备和分析过程中所需的器材与试剂(见第5章，1997年版的第4章)；

——更改了侵蚀时间，删除了显微照相、显影和定影和晒相的规定内容(见第6章，1997年版的第5章)；

——增加了“方法步骤”一章(见第7章)；

——更改、完善了火烧熔痕(熔珠)的金相组织特征、一次短路熔痕(熔珠)的金相组织特征和二次短路熔痕(熔珠)的金相组织特征，增加了短路熔痕(熔珠)的金相组织特征、短路迸溅熔珠的金相组织特征、电热熔痕的金相组织特征和非电热痕迹的金相组织特征(见第8章，1997年版的第6章)；

——增加了“综合判定”一章(见第9章)；

——删除了送检及鉴定时应履行的书面程序(见1997年版的第7章)。

请注意本文件的某些内容可能涉及专利。本文件的发布机构不承担识别专利的责任。

本文件由中华人民共和国应急管理部提出。

本文件由全国消防标准化技术委员会(SAC/TC 113)归口。

本文件起草单位：应急管理部沈阳消防研究所、应急管理部天津消防研究所、应急管理部上海消防研究所、应急管理部四川消防研究所。

本文件主要起草人：邸曼、赵长征、高伟、张明、夏大维、鄂大志、陈克、阳世群、黄昊。

本文件及其所代替文件的历次版本发布情况为：

——GB/T 16840.4—1997；

——本次为第一次修订。

引　言

电气火灾物证鉴定是应急救援消防机构进行火灾原因调查工作的重要组成部分,特别是伴随着国家法制建设的完善,公民法制意识的增强,物证鉴定已作为火灾原因认定的有力证据,为消防救援机构认定火灾原因提供了科学、快速、准确的技术支持。在这方面,我国已经建立了电气火灾痕迹物证技术鉴定方法的国家标准体系。在该标准体系中,GB/T 16840《电气火灾痕迹物证技术鉴定方法》是指导我国相关机构从事电气火灾物证鉴定活动的方法和依据,拟由八个部分构成,目的在于确立对电气火灾痕迹物证进行宏观分析、剩磁分析、俄歇分析、金相分析、物证识别和提取、SEM 微观形貌分析、成分分析和热分析时的方法和依据。

——第 1 部分:宏观法;

——第 2 部分:剩磁检测法;

——第 3 部分:俄歇分析法;

——第 4 部分:金相分析法;

——第 5 部分:电气火灾物证识别和提取方法;

——第 6 部分:SEM 微观形貌分析法;

——第 7 部分:EDS 成分分析法;

——第 8 部分:热分析法。

金相分析法是我国电气火灾痕迹物证鉴定工作中使用的一种分析方法。本文件中规定的与痕迹物证技术鉴定相关的检材、方法步骤和金相组织特征等技术内容,是在科研项目《应用金相分析鉴别导线短路火灾的研究》基础试验数据和多年火灾物证鉴定实际工作的基础上提出的,在实际火灾现场中得到验证,证明切实可行。本次对 GB/T 16840.4 的修订,重点考虑了文件编写和表述的严谨性和规范性,并完善了部分内容,使火灾痕迹物证鉴定工作者在采用金相分析法时有据可依,提高工作效率。

电气火灾痕迹物证技术鉴定方法 第4部分：金相分析法

1 范围

本文件规定了电气火灾痕迹物证技术鉴定方法的金相分析法的原理、设备、器材与试剂、检材、方法步骤、金相组织特征和综合判定。

本文件适用于在火灾调查时，根据火灾现场中火灾痕迹物证呈现的金相组织特征，鉴别其性质。

2 规范性引用文件

下列文件中的内容通过文中的规范性引用而构成本文件必不可少的条款。其中，注日期的引用文件，仅该日期对应的版本适用于本文件；不注日期的引用文件，其最新版本（包括所有的修改单）适用于本文件。

GB/T 16840.1 电气火灾痕迹物证技术鉴定方法 第1部分：宏观法

3 术语和定义

GB/T 16840.1界定的以及下列术语和定义适用于本文件。

3.1

短路熔痕 melted mark caused by short circuit

铜、铝导线发生短路在导线上形成的熔化痕迹。

注：短路熔痕包括一次短路熔痕和二次短路熔痕。

3.2

短路迸溅熔珠 splash down melted bead caused by short circuit

铜、铝导线在短路或电弧作用发生的瞬间而产生的熔化迸溅物，喷溅黏附到其他载体上的圆珠状熔化痕迹。

3.3

电热熔痕 melted mark caused by electric heating

在电弧或电流的高温热作用下，在金属表面或铜、铝导线上形成的熔化痕迹。

注：包含且不仅限于短路熔痕、过负荷熔痕、因接触不良导致的局部过热熔痕、导线与其他不同电位的金属发生放电时形成的熔痕、对地短路熔痕、不同电位的带电金属之间接触放电形成的熔痕等。

3.4

非电热痕迹 mark caused by non-electric heating

由火灾热作用、机械加工或应力作用等非电弧或电流的热作用形成的痕迹。

注：包含且不仅限于火烧、摩擦、切削、拉拔、挤压、高压冲击等形成的痕迹。

4 原理

对于火灾现场提取的金属或铜、铝导线等物证，无论是受火灾热作用还是短路电弧高温熔化，除全部烧失等特殊情况之外，一般均能查找到残留的熔痕，其外观具有能够反映当时环境条件的特征。

导线的电热熔痕、短路熔痕均由瞬间电弧高温熔化形成，具有熔化范围小、冷却速度快的特点。对于一次短路熔痕和二次短路熔痕而言，前者短路发生在正常环境条件下，后者短路发生在火灾环境条件下。火烧熔痕是导线受火灾热作用熔化的痕迹，其作用时间、作用温度又均与短路熔痕不同，具有受热持续时间长、火烧范围大、熔化温度低于短路电弧温度的特点。由于不同的环境条件参与了熔痕的形成过程，从而产生了区别电热熔痕、短路熔痕(熔珠)、一次短路熔痕(熔珠)、二次短路熔痕(熔珠)及火烧熔痕(熔珠)的金相组织特征。

5 设备、器材与试剂

5.1 主要设备

金相显微镜，分辨能力应不低于 0.45 μm，放大倍率宜为 25 倍～1 000 倍。

5.2 其他设备

照相机、体视显微镜(或视频显微镜)、金相镶嵌机、磨抛机、超声波清洗机。

5.3 器材

天平、量筒、镊子、脱脂棉、砂纸、吹风机、模具。

5.4 试剂

主要试剂有：

——氯化高铁(分析纯)；

——氢氧化钠(分析纯)；

——乙醇(分析纯)；

——盐酸(分析纯)；

——硝酸(分析纯)；

——镶嵌材料。

注：镶嵌材料为用于镶嵌制作金相样品的材料，包括但不限于义齿基托树脂。

6 检材

6.1 检材的选取和截取

6.1.1 应选取载有熔痕或具有代表性部位的检材。

6.1.2 应选择在导线的熔化或蚀坑痕迹附近的未熔导线部位进行截取。

6.2 金相试样的制备

6.2.1 对提取的检材，应采用镶嵌法制成金相试样。对于具有熔痕的检材，宜采用冷镶嵌法制备金相试样。

6.2.2 采用冷镶嵌法制备时，先将检材放在底板上，再将模具罩住检材，然后将冷镶嵌材料调成的糊状混合物注入，待凝固、冷却后，去除模具得到镶嵌好的金相试样。

6.2.3 金相试样经粗磨、细磨后再进行抛光，必要时可进行手工精抛。

6.2.4 经抛光后的金相试样选择适当的侵蚀剂在室温下侵蚀，常用的侵蚀剂及侵蚀时间见表 1。

6.2.5 经侵蚀后的金相试样，应先用清水冲洗或用酒精擦拭，再用吹风机吹干。

表1 常用的侵蚀剂

样品材质	侵蚀剂配比	侵蚀时间/s
铜	氯化高铁 5 g 盐酸 50 mL 乙醇 100 mL	2～10
铝	氢氧化钠 1 g～2 g 水 100 mL	60～120
铁	3%硝酸酒精溶液	10～30
其他金属	参见相关金相试样侵蚀技术标准	

7 方法步骤

7.1 待观察的金相试样应磨面光洁、无明显划痕、晶界清晰。

7.2 用金相显微镜观察金相试样的显微组织，放大倍数为25倍～1 000倍。

7.3 显微检验时应首先通观整个金相试样的表面，然后按所需视场对其显微组织进行观察分析。

7.4 根据所观察的显微组织选择合适的放大倍数或更换物镜镜头。

7.5 观察金相试样中熔化区、熔化过渡区及导线基体等部位的显微组织特征。

7.6 选择合适的视场、放大倍数和显微组织特征进行显微拍照。

8 金相组织特征

8.1 火烧熔痕(熔珠)的金相组织特征

通常呈现粗大的等轴晶或共晶组织，熔化区内部的孔洞通常形状不规则，内表面粗糙。

8.2 短路熔痕(熔珠)的金相组织特征

呈现为铸态组织，熔化区晶粒由胞状晶、枝晶、柱状晶组成；金相试样磨面内的孔洞形态呈圆形、椭圆形，内壁光滑；偶有两个或多个孔洞交叠的现象，孔洞交叠处的孔洞壁会形成锋利的锐角；基体区与熔化区显微组织形态有明显不同。

8.3 一次短路熔痕(熔珠)的金相组织特征

呈现为铸态组织，晶粒由细小的胞状晶或柱状晶组成；磨面内的孔洞尺寸较小，孔洞数量较少，孔洞形状较整齐；在熔珠与导线衔接的过渡区处显微组织的分界线明显；铜质熔珠的晶界较细，孔洞周围铜和氧化亚铜的共晶组织较少且不明显；用偏振光观察时，熔珠孔洞周围及洞壁的颜色暗淡不鲜明。

8.4 二次短路熔痕(熔珠)的金相组织特征

呈现为铸态组织，晶粒由较多粗大的柱状晶或粗大的晶界组成，晶粒被很多孔洞分割；金相试样磨面内的孔洞尺寸较大，孔洞数量较多，孔洞形状不规整；在熔珠与导线衔接的过渡区处显微组织的分界线不明显；铜质熔珠的晶界较粗大，孔洞周围铜和氧化亚铜的共晶组织较多且较明显；用偏振光观察时，熔珠孔洞周围及洞壁的颜色鲜艳明亮，呈鲜红色或橘红色。

8.5 短路迸溅熔珠的金相组织特征

呈现为铸态组织，其形态特征主要为树枝晶和细小的胞状晶，金相试样磨面内有孔洞，孔洞形状较圆、较规则。

8.6 电热熔痕的金相组织特征

呈现为铸态组织，其形态主要为胞状晶、树枝晶等，并且在熔化区与未熔化区（或基体）的交接处过渡区明显，晶粒形态明显不同。

8.7 非电热痕迹的金相组织特征

呈现晶粒变形或破坏特征；平衡再结晶条件下形成的共晶组织或等轴晶特征。

9 综合判定

在火灾现场情况较复杂和样品材质较特殊的情况下判定样品的痕迹性质时，应根据宏观形态、金相组织、微观形貌和成分分析等特征进行综合判定，给出判定结果。

ICS 13.220.20
CCS C 80/89

中华人民共和国国家标准

GB/T 16840.7—2021

电气火灾痕迹物证技术鉴定方法 第7部分：EDS成分分析法

Technical determination methods for electrical fire evidence—
Part 7: Component analytic method of energy dispersive spectrometry

2021-08-20 发布 2021-08-20 实施

国家市场监督管理总局
国家标准化管理委员会 发布

前　言

本文件按照 GB/T 1.1—2020《标准化工作导则　第 1 部分：标准化文件的结构和起草规则》的规定起草。

本文件是 GB/T 16840《电气火灾痕迹物证技术鉴定方法》的第 7 部分。GB/T 16840 已经发布了以下部分：

——第 1 部分：宏观法；

——第 2 部分：剩磁检测法；

——第 3 部分：俄歇分析法；

——第 4 部分：金相分析法；

——第 5 部分：电气火灾物证识别和提取方法；

——第 6 部分：SEM 微观形貌分析法；

——第 7 部分：EDS 成分分析法；

——第 8 部分：热分析法。

请注意本文件的某些内容可能涉及专利。本文件的发布机构不承担识别专利的责任。

本文件由中华人民共和国应急管理部提出。

本文件由全国消防标准化技术委员会(SAC/TC 113)归口。

本文件起草单位：应急管理部沈阳消防研究所、应急管理部天津消防研究所、应急管理部四川消防研究所、应急管理部上海消防研究所。

本文件主要起草人：张明、鄂大志、夏大维、邸曼、高伟、张斌、王立芬、曹丽英。

引　言

电气火灾物证鉴定是应急救援消防机构进行火灾原因调查工作的重要组成部分，特别是伴随着国家法制建设的完善，公民法制意识的增强，物证鉴定已作为火灾原因认定的有力证据，为消防救援机构认定火灾原因提供了科学、快速、准确的技术支持。在这方面，我国已经建立了电气火灾痕迹物证技术鉴定方法的国家标准体系。在该标准体系中，GB/T 16840《电气火灾痕迹物证技术鉴定方法》是指导我国相关机构从事电气火灾物证鉴定活动的方法和依据，拟由八个部分构成，目的在于确立对电气火灾痕迹物证进行宏观分析、剩磁分析、俄歇分析、金相分析、物证识别和提取，SEM 微观形貌分析、成分分析和热分析时的方法和依据。

——第 1 部分：宏观法。

——第 2 部分：剩磁检测法。

——第 3 部分：俄歇分析法。

——第 4 部分：金相分析法。

——第 5 部分：电气火灾物证识别和提取方法。

——第 6 部分：SEM 微观形貌分析法。

——第 7 部分：EDS 成分分析法。

——第 8 部分：热分析法。

EDS 成分分析法是我国电气火灾痕迹物证鉴定工作中使用的一种半定量分析方法，是在科研项目《铜导体熔痕表面微区成分分析鉴定技术的研究》基础试验数据和多年的实际火灾物证鉴定实际工作的基础上提出的，在实际火灾现场中得到验证，证明切实可行。本文件的制定重点参考了 GB/T 16840 的前六个部分，对 EDS 成分分析法检材的制备、检材的检测和结果进行了详细的规定，确保本文件的编写符合要求、内容实用可靠。

电气火灾痕迹物证技术鉴定方法 第7部分：EDS成分分析法

1 范围

本文件规定了电气火灾痕迹物证技术鉴定方法中EDS(X射线能谱仪)成分分析法的原理、仪器设备、检材的制备、检材的检测和结果。

本文件适用于火灾物证鉴定领域中，对痕迹物证微区成分的元素组成及含量进行测试，进行成分元素的溯源和同一性比对分析。

2 规范性引用文件

下列文件中的内容通过文中的规范性引用而构成本文件必不可少的条款。其中，注日期的引用文件，仅该日期对应的版本适用于本文件；不注日期的引用文件，其最新版本(包括所有的修改单)适用于本文件。

GB/T 13966 分析仪器术语

GB/T 19267.6 刑事技术微量物证的理化检验 第6部分：扫描电子显微镜/X射线能谱仪

GB/T 20162 火灾技术鉴定物证提取方法

3 术语和定义

GB/T 13966、GB/T 19267.6、GB/T 20162界定的以及下列术语和定义适用于本文件。

3.1

EDS成分分析法 component analytic method of energy dispersive spectrometry

用具有一定能量和强度的粒子束轰击检材物质，根据检材物质被激发或反射的X射线的能量和强度的关系图(称为能谱)，实现对检材的非破坏性元素分析、结构分析和表面物化特性分析的方法。

3.2

微区成分 microcosmic composition

在痕迹物证上几微米至几十微米区域内的元素组成及含量。

4 原理

火灾现场中的痕迹物证所含有的同种元素，不论其所处状态如何，所发射的特征X射线均具有相同的能量。

测量火灾痕迹物证的特征X射线的强度作为定量分析的基础；可分为有标样定量分析和无标样定量分析两种。在有标样分析检材时，检材内各元素的实测X射线强度与标样的同名谱线强度进行比较，经过背景校正和基体校正，能较准确计算出绝对含量；在无标样定量分析时，对检材内各元素同名或不同名谱线的实测强度进行相互对比，经过背景校正，计算出它们的相对含量。

5 仪器设备

5.1 扫描电子显微镜

分辨率 3.0 nm(30 kV);检材条件较好时,其有效放大倍率为 20 倍～100 000 倍。

5.2 X 射线能谱仪

在 MnK_α 处的分辨率高于 133 eV(计数率为 2 500 cps 时),元素分析范围为 $_4Be$～$_{92}U$。

5.3 其他所需设备

超声波清洗机、离子溅射仪、精密切割机、超薄切片机、干燥箱。

6 检材的制备

6.1 所分析的检材应为稳定的固体,在真空及电子束轰击下不挥发、不变性,无放射性和腐蚀性,适用于高、低真空条件下观察。

6.2 根据扫描电子显微镜检材室的大小,截取检材上预观察、分析的部位;对于较小的、易破坏的痕迹,应使用精密切割机在低转速下进行切割。

6.3 截取的检材,应保持其来样状态,保持干燥、避免腐蚀,其被观察、测试部位不应与其他检材相接触。

6.4 用酒精擦拭或用超声波清洗机进行表面清洗,清除检材表面附着的污染物并晾干表面的水分。

6.5 将清洗过的检材用导电胶或橡皮泥固定在检材杯(台)上,放于扫描电子显微镜检材室内待检。

6.6 对于非导体检材的表面,可使用离子溅射仪在检材表面镀一层导电膜,如金膜、铂膜或碳膜等。

7 检材的检测

7.1 当扫描电子显微镜检材室真空度达到要求时,调节加速电压,使其高于被测元素的临界激发电压的 2 倍～3 倍;对于常见金属和合金,宜使用加速电压 20 kV 或 25 kV;对于硅酸盐和氧化物,宜使用加速电压 15 kV。

7.2 调节钨灯丝发射电流使其达到饱和,保证获得最大亮度的饱和点。

7.3 确定或选择检材上的微区观察的特征部位,在适合倍率下观察和拍照其微观形貌。

7.4 对于溯源性检材,应选取检材熔化部位的微区部位进行分析,其大小应尽量接近熔化部位。

7.5 对于同一性比对检材,应在比对检材上选取至少三个部位微区用 X 射线能谱仪进行分析,其微区面积总和应尽量接近比对检材。

7.6 对所选择的微区成分进行定性和半定量分析,必要时应使用成分相近的标样进行对比;分析方式可采用如下方式进行:

——面扫描分析:在检材某一任意选择的区域做面扫描,可以检测检材整个区域的面貌和各元素在该检材区域内的含量变化情况;

——线扫描分析:在检材上任意一条直线进行线扫描,可以检测出检材在这一条直线的元素成分及含量变化情况。

8 结果

8.1 溯源性分析，应给出检材微区内主要含有的元素种类，将含量前三位的特征元素作为该检材所含的主要元素。

8.2 同一性比对分析，除基体元素外，比对检材与标样所含特征元素相差一种以内，可做同一性认定。

8.3 半定量分析应先得到非归一化结果；如确定没有遗漏元素并且非归一化结果在95%～100%之间时，才能将结果归一化。

ICS 13.220.20
CCS C 80/89

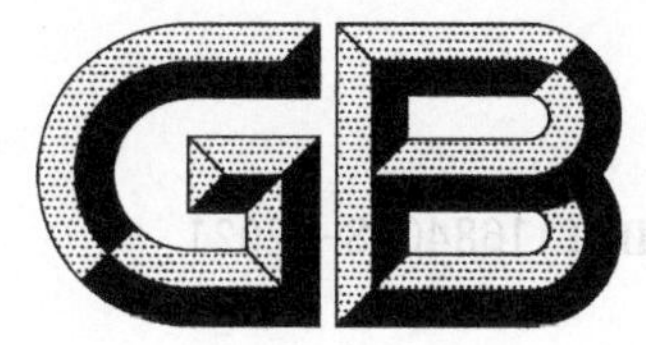

中华人民共和国国家标准

GB/T 16840.8—2021

电气火灾痕迹物证技术鉴定方法 第8部分：热分析法

Technical determination methods for electrical fire evidence—Part 8: Method of thermal analysis

2021-08-20 发布 2021-08-20 实施

国家市场监督管理总局
国家标准化管理委员会 发布

前　言

本文件按照GB/T 1.1—2020《标准化工作导则　第1部分：标准化文件的结构和起草规则》的规定起草。

本文件是GB/T 16840《电气火灾痕迹物证技术鉴定方法》的第8部分。GB/T 16840已经发布了以下部分：

——第1部分：宏观法；

——第2部分：剩磁检测法；

——第3部分：俄歇分析法；

——第4部分：金相分析法；

——第5部分：电气火灾物证识别和提取方法；

——第6部分：SEM微观形貌分析法；

——第7部分：EDS成分分析法；

——第8部分：热分析法。

请注意本文件的某些内容可能涉及专利。本文件的发布机构不承担识别专利的责任。

本文件由中华人民共和国应急管理部提出。

本文件由全国消防标准化技术委员会(SAC/TC 113)归口。

本文件起草单位：应急管理部沈阳消防研究所、应急管理部上海消防研究所、应急管理部天津消防研究所、应急管理部四川消防研究所。

本文件主要起草人：刘术军、王柏、于丽丽、高伟、赵长征、邸曼、包任烈、邓震宇、张怡。

引　言

电气火灾物证鉴定是应急救援消防机构进行火灾原因调查工作的重要组成部分，特别是伴随着国家法制建设的完善，公民法制意识的增强，物证鉴定已作为火灾原因认定的有力证据，为消防救援机构认定火灾原因提供了科学、快速、准确的技术支持。在这方面，我国已经建立了电气火灾痕迹物证技术鉴定方法的国家标准体系。在该标准体系中，GB/T 16840《电气火灾痕迹物证技术鉴定方法》是指导我国相关机构从事电气火灾物证鉴定活动的方法和依据，拟由八个部分构成，目的在于确立对电气火灾痕迹物证进行宏观分析、剩磁分析、俄歇分析、金相分析、物证识别和提取、SEM 微观形貌分析、成分分析和热分析时的方法和依据。

——第 1 部分：宏观法；

——第 2 部分：剩磁检测法；

——第 3 部分：俄歇分析法；

——第 4 部分：金相分析法；

——第 5 部分：电气火灾物证识别和提取方法；

——第 6 部分：SEM 微观形貌分析法；

——第 7 部分：EDS 成分分析法；

——第 8 部分：热分析法。

导线绝缘层是火场中较常见的一类物证，对导线绝缘层残留物内层和外层烧损轻重进行分析可以为火灾调查人员提供更多有价值的信息。本文件的制定重点参考了 GB/T 16840 的前七个部分，对热分析法的操作过程、判定依据和判定结果进行了详细的规定，确保本文件的编写符合要求，内容实用、可靠。

电气火灾痕迹物证技术鉴定方法 第8部分：热分析法

1 范围

本文件规定了电气火灾痕迹物证技术鉴定方法中热分析法的原理、仪器设备、样品提取、样品制备、样品装填、试验方法、判定依据和判定结果。

本文件适用于火灾现场导线绝缘层残留物内层和外层烧损轻重的鉴定。

2 规范性引用文件

下列文件中的内容通过文中的规范性引用而构成本文件必不可少的条款。其中，注日期的引用文件，仅该日期对应的版本适用于本文件；不注日期的引用文件，其最新版本（包括所有的修改单）适用于本文件。

GB/T 1844.1 塑料 符号和缩略语 第1部分：基础聚合物及其特征性能

GB/T 13464 物质热稳定性的热分析试验方法

GB/T 13966 分析仪器术语

GB/T 19267.12 刑事技术微量物证的理化检验 第12部分：热分析法

3 术语和定义

GB/T 13464、GB/T 13966、GB/T 1844.1、GB/T 19267.12 界定的以及下列术语和定义适用于本文件。

3.1

热分析法 method of thermal analysis

在程序控温下，测量物质的物理性质与温度关系的方法。

3.2

热重法 thermogravimetry；TG

在程序控温和一定气氛下，测量试样的质量与温度或时间关系的方法。

3.3

微型量热法 microscale combustion calorimeter；MCC

在程序升温和一定气氛下，测量试样气态分解产物完全氧化燃烧性能的方法。

3.4

绝缘层内层 inner side of insulation layer

导线绝缘层与金属导体相接触的表面层。

3.5

绝缘层外层 outer side of insulation layer

导线绝缘层直接暴露在空气中的表面层。

3.6

内热 internal heat

热量由绝缘层内层向外层传递。

3.7

外热　external heat

热量由绝缘层外层向内层传递。

3.8

比热释放速率　specific heat release rate

Q

在受控热分解过程中，每单位试样初始质量所释放的燃烧热的速率。

3.9

最大比热释放速率　maximum specific heat release rate

Q_{max}

试验过程比热释放率曲线的最大峰值。

3.10

热释放能力　heat release capacity

η_c

在受控热分解过程中的最大比热释放率除以测试中的升温速率。

4　原理

金属导线绝缘层是热的不良导体，因内热或外热作用烧损时，内、外层之间存在一定的温差，导致内层、外层的热力学特征存在差异。由于导线绝缘层的热分解是不可逆过程，因此绝缘层在受热并冷却后，内层、外层之间的热力学特征能够反映其经历最高温度时的受热状态。金属导线绝缘层的热分解过程可以通过热分析实验来考察：采用热重分析检测绝缘层在分解过程中的质量损失，采用微型量热分析检测分解过程中的热释放能力。通过对比内层和外层的质量损失和热释放能力，可判定导线绝缘层内、外层烧损的轻重。

5　仪器设备

5.1　热重分析仪

5.1.1　热重天平：量程大于或等于 50 mg，精度大于或等于 5 μg。

5.1.2　加热炉：温度范围从室温到 700 ℃。

5.1.3　合适的密封装置：能够保持样品在规定的气氛中。

5.1.4　样品盘或坩埚：大小合适，应尽量小以减少样品晃动影响，且不能与样品和参比物反应。

5.1.5　控温系统：能够控制温度在 5 ℃/min～30 ℃/min 之间程序升温。

5.1.6　气体流速控制设备：能够精确控制气体流速。

5.1.7　气源：可采用氮气、氧气、空气等作为气源，气体纯度应大约等于 99.9%。

5.1.8　数据采集和处理系统。

5.2　微型量热仪

5.2.1　样品室：温度调控在 0.2 ℃/s～2 ℃/s 范围内以恒定到标称值 5% 的速率在室温到 900 ℃之间调控。

5.2.2　温度传感器：可以±0.5 ℃的精度显示样品温度。

5.2.3 内置天平:量程不低于 250 mg,灵敏度为±0.01 mg。

5.2.4 气源:可采用氮气、氧气等作为气源,气体纯度应大约等于 99.9%。

5.2.5 氧气以 0 cm^3/min~50 cm^3/min 恒定流速引入混合段,以使燃烧室内氧气体积分数可在 20%~50%(±0.1%)范围内调整。

5.2.6 燃烧室温度在 800 ℃~900 ℃内保持恒定,通常样品气体在燃烧室中停留的时间为 10 s,燃烧室温度为 900 ℃。

5.2.7 能够测量 50 cm^3/min~200 cm^3/min 的气体流量,响应时间小于 0.1 s,灵敏度为满刻度的 0.1%,重复性为满刻度的±0.2%,准确度为满刻度的±1%。

5.2.8 能够测量 0%~100%(体积分数)范围内的氧气,在 90%的挠度下响应时间小于 6 s,灵敏度小于 0.1% O_2(体积分数),在恒定的温度和压力下,线性度为±1%。

5.2.9 样品室通气速率为 50 cm^3/min~100 cm^3/min,准确性±1%。

6 样品提取

应提取现场中未受火灾作用或受火灾作用较小的同一回路、相同线径、相同材质的导线绝缘层样品作为分析样品。

7 样品制备

7.1 样品截取

7.1.1 根据残留导线绝缘层的长度,选取间距相同的三个点进行内、外层取样分析。

7.1.2 在绝缘层内层和外层上分别切取小于绝缘层整体厚度的 1/4 作为绝缘层的内层样品和外层样品,且样品质量不宜小于 3 mg。

7.2 截取的注意事项

7.2.1 烧损的绝缘层样品较脆、易碎,切取时应小心,避免损坏。

7.2.2 分层切取绝缘层样品时不要将绝缘层中间部分切穿。

7.2.3 切取绝缘层内、外层样品时应在绝缘层同一对应位置分别切取。

7.2.4 样品在测试前应充分干燥至恒重。

8 样品装填

每次样品应尽量装填一致、松紧适宜。

9 试验方法

9.1 概述

热重分析适合对 PVC 导线绝缘层样品进行测试,微型量热分析适合对所有导线绝缘层样品进行测试。对于复杂的样品应使用两种方法同时测试或制备比对样品进行综合分析。

9.2 热重分析

试验条件宜为:

——温度范围：室温到 700 ℃；
——升温速率：10 ℃/min；
——炉内气氛：动态空气；
——坩埚：氧化铝坩埚或铂金坩埚。

9.3 微型量热分析

试验条件宜为：
——温度范围：室温到 900 ℃；
——升温速率：1 ℃/s；
——炉内气氛：混合流速在 100 cm^3/min，燃烧室中的氧气的体积分数为 20%；
——坩埚：氧化铝坩埚。

9.4 试验步骤

9.4.1 热重分析

9.4.1.1 热重天平温度校正标准物质见附录 A。
9.4.1.2 按照 7.1 规定的方法制备样品，称量样品质量，然后将样品装入坩埚中。
9.4.1.3 启动气氛单元，按照 9.2 规定的试验条件设定气氛和气体流量，编辑温度测量范围和升温速率。
9.4.1.4 启动 TG 分析程序，进行测量，得到 TG 曲线。
9.4.1.5 测试结束后，待加热炉冷却到室温，打开，清理坩埚。

9.4.2 微型量热分析

9.4.2.1 微型量热仪氧气传感器的校正方法见附录 B。
9.4.2.2 打开吹扫气体和氧气，使流速和氧气信号稳定在基线值。
9.4.2.3 在控制程序中输入试样升温速率，升温范围的起始、结束温度，氧气体积分类和总流速。
9.4.2.4 按照 7.1 规定的方法制备样品，称量样品质量，将样品放入坩埚中。
9.4.2.5 将装有样品的坩埚装载到样品平台上，确保坩埚与温度传感器之间有良好的热接触。
9.4.2.6 将样品台升至样品室中心，并确保密封。
9.4.2.7 待流速和氧气信号重新稳定在基线值后启动加热，进行测试。
9.4.2.8 将样品温度降低到起始温度，取出坩埚，得到 MCC 曲线及相关数据。

9.5 谱图分析

9.5.1 TG 曲线

从 TG 曲线上可以确定升温过程中各阶段失重率，见图 1。

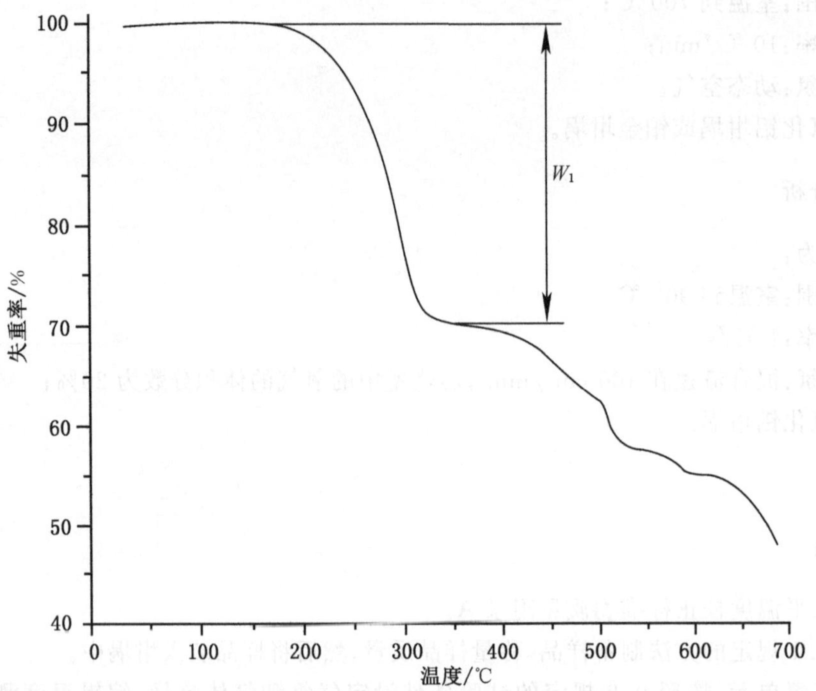

标引序号说明：

W_1——第一阶段失重率。

第一阶段失重主要是PVC导线绝缘层受热分解释放出氯化氢气体导致的。

图1 典型TG曲线

9.5.2 MCC曲线

从MCC曲线上可以确定测试样品的最大比热释放速率(Q_{max})，见图2。

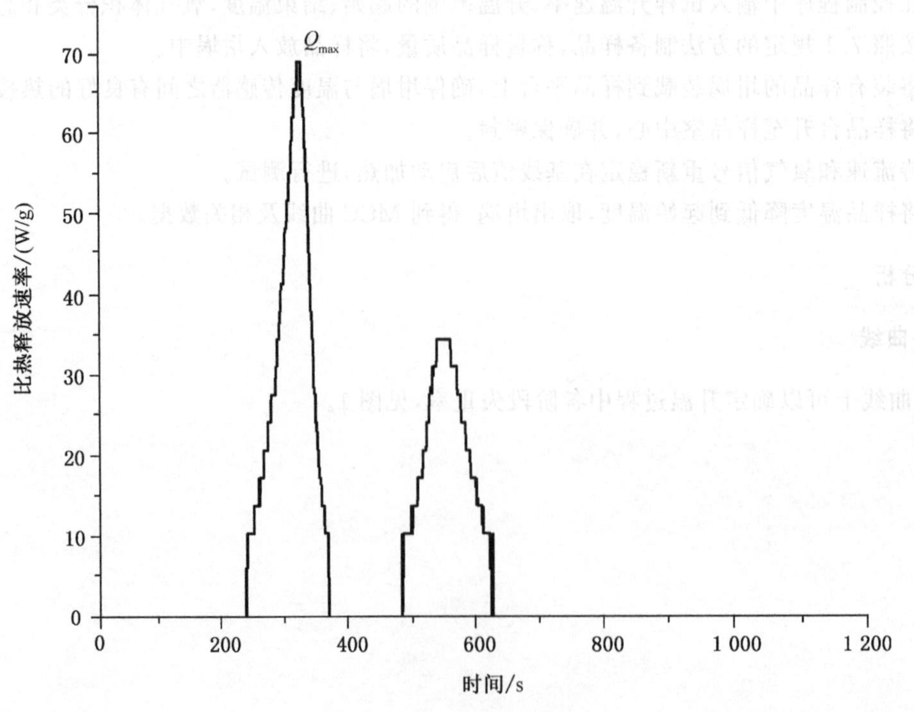

图2 典型MCC曲线

热释放能力 η_c 按公式(1)计算：

$$\eta_c = Q_{max} / \beta \tag{1}$$

式中：

η_c ——热释放能力，单位为焦耳每克开尔文[J/(g·k)]；

Q_{max}——最大比热释放速率，单位为瓦特每克(W/g)；

β ——测试范围内的平均加热速率，单位为开尔文每秒(K/s)。

10 判定依据

10.1 绝缘层烧损内层重于外层判定依据

10.1.1 内层样品第一阶段失重率小于外层样品第一阶段失重率，且内、外层样品失重率的差值应大于2.0%。

10.1.2 内层样品的热释放能力小于外层样品的热释放能力，且内、外层样品热释放能力之差的绝对值与热释放能力较大的数值之比应大于2.0%。

10.2 绝缘层烧损外层重于内层判定依据

10.2.1 内层样品第一阶段失重率大于外层样品第一阶段失重率，且内、外层样品失重率的差值应大于2.0%。

10.2.2 内层样品的热释放能力大于外层样品的热释放能力，且内、外层样品热释放能力之差的绝对值与热释放能力较大的数值之比应大于2.0%。

10.3 绝缘层烧损内、外层一致判定依据

10.3.1 内层和外层样品第一阶段失重率的差值应小于2.0%。

10.3.2 内层和外层样品热释放能力之差的绝对值与热释放能力较大的数值之比应小于2.0%。

11 判定结果

11.1 如果三个点的测试结果一致，且符合10.1，则给出绝缘层的受热烧损程度为内层重于外层的判定结果。

11.2 如果三个点的测试结果一致，且符合10.2，则给出绝缘层的受热烧损程度为外层重于内层的判定结果。

11.3 如果三个点的测试结果一致，且符合10.3，则给出绝缘层的受热烧损程度为内、外层一致的判定结果。

11.4 如果三个点的测试结果不一致，则给出绝缘层的受热烧损程度为不能确定的判定结果。

附 录 A
(资料性)
热重天平温度校正标准物质

热重天平的温度校正一般采用标准物质的熔点温度,见表 A.1。

表 A.1 热重天平温度校正标准物质

标准物质	理论熔点/℃
铟	156.6
锡	231.9
铋	271.4
锌	419.5
铝	660.3
银	961.8(N_2,Ar)
铜	1 064.2
镍	1 455.0

附 录 B
（资料性）
微型量热仪氧气传感器的校正方法

B.1 微型量热仪氧气传感器的校正方法为：

——选取校正样品室，当仅通入氮气且气流稳定时，氧气传感器读数标为0；

——选取校正样品室，当仅通入氧气且气流稳定时，氧气传感器度数标为100%。

B.2 在初始校正后，只有当仪器配置或气体流量二者之一发生改变，或两者同时改变时，才需要重新校正。

ICS 13.220.01
C 82

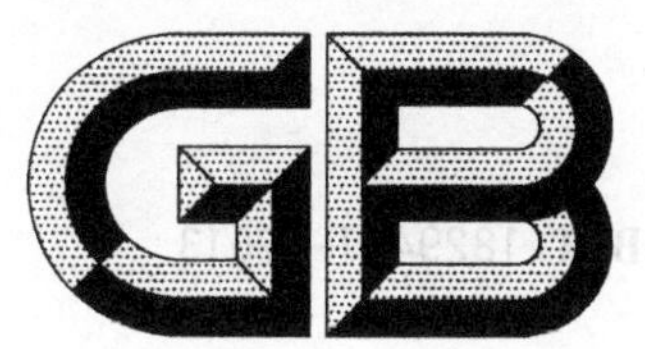

中华人民共和国国家标准

GB/T 18294.1—2013
代替 GB/T 18294.1—2001

火灾技术鉴定方法 第1部分：紫外光谱法

Technical identification methods for fire—
Part 1: Ultraviolet spectrometry

2013-09-18 发布　　2014-03-01 实施

中华人民共和国国家质量监督检验检疫总局
中国国家标准化管理委员会　发布

前言

GB/T 18294《火灾技术鉴定方法》分为6个部分：

——第1部分：紫外光谱法；

——第2部分：薄层色谱法；

——第3部分：气相色谱法；

——第4部分：高效液相色谱法；

——第5部分：气相色谱-质谱法；

——第6部分：红外光谱法。

本部分为GB/T 18294的第1部分。

本部分按照GB/T 1.1—2009给出的规则起草。

本部分代替GB/T 18294.1—2001《火灾技术鉴定方法　第1部分：紫外光谱法》，与GB/T 18294.1—2001相比，除编辑性修改外主要技术变化如下：

——调整了标准的适用范围(见第1章)；

——增加了规范性引用文件(见第2章)；

——调整了术语和定义(见第3章，2001版的第2章)；

——修改了试验原理的表述(见第4章，2001版的第3章)；

——调整了试验仪器、溶剂与材料及试验方法的内容(见第5章～第7章，2001版的第4章～第9章)；

——修改了附录A的内容。

本部分由中华人民共和国公安部提出。

本部分由全国消防标准化技术委员会火灾原因调查分技术委员会(SAC/TC 113/SC 11)归口。

本部分起草单位：公安部天津消防研究所。

本部分主要起草人：田桂花、鲁志宝、邓震宇、梁国福、范子琳、刘振刚、张得胜。

本部分所代替标准的历次版本发布情况为：

——GB/T 18294.1—2001。

火灾技术鉴定方法 第1部分:紫外光谱法

1 范围

GB/T 18294的本部分规定了火灾技术鉴定方法中紫外光谱法的术语和定义、试验原理、试验仪器、溶剂和材料以及试验方法。

本部分适用于对火灾现场汽油、煤油、柴油、油漆稀释剂等常见易燃液体及其燃烧残留物的鉴定,也适用于其他具有紫外特征吸收的火灾物证鉴定。

2 规范性引用文件

下列文件对于本文件的应用是必不可少的。凡是注日期的引用文件,仅注日期的版本适用于本文件。凡是不注日期的引用文件,其最新版本(包括所有的修改单)适用于本文件。

GB/T 19267.2　刑事技术微量物证的理化检验　第2部分:紫外-可见吸收光谱法

GB/T 20162　火灾技术鉴定物证提取方法

GB/T 24572.1　火灾现场易燃液体残留物实验室提取方法　第1部分:溶剂提取法

3 术语和定义

GB/T 19267.2和GB/T 20162界定的以及下列术语和定义适用于本文件。

3.1

紫外光谱法　ultraviolet spectrometry

利用易燃液体或其他火灾物证对紫外可见光的特征吸收光谱,判断物证组成含量或化学结构而进行的紫外光谱的定性、定量分析。

4 试验原理

易燃液体或其他火灾物证因含有双键或共轭体系而发生电子能级跃迁,产生位于紫外光范围的特征吸收,依据光谱特征如吸收峰数目、位置、形状与标准紫外光谱相比较,从而确定易燃液体或其他火灾物证的存在。

5 试验仪器

5.1 仪器

仪器为紫外光谱仪,包括紫外光谱系统和数据处理系统。

5.2 仪器工作参数

仪器工作参数设置应符合下列要求:

——波长精度±0.3 nm;

——透光率 0 Abs～2 Abs；

——测光精确度 0.5 Abs～1.0 Abs；

——采样间隔为 0.1 s；

——狭缝宽为 2.0 nm；

——测定易燃液体特征峰波长范围推荐为 230 nm～400 nm；

——正方形石英池透光长度推荐为 10 mm。

6 溶剂和材料

6.1 溶剂

试验使用的溶剂推荐为色谱纯正己烷，也可根据需要使用其他合适的溶剂。所选用的溶剂在使用前应在紫外光谱仪上做空白试验，考察溶剂是否对被测试样有干扰。

6.2 材料

使用脱脂棉、烧杯、定性滤纸等材料。

7 试验方法

7.1 预处理

按照 GB/T 20162 规定提取的样品，按照 GB/T 24572.1 的规定对于不同类型载体样品进行预处理，获取仪器分析所需试样。

7.2 比对试样的紫外光谱图制备

7.2.1 取汽油、煤油、柴油及不同型号的油漆稀释剂各 5 μL 分别溶于 5 mL 正己烷中配制未燃烧的易燃液体比对试样。将试样进行紫外光谱分析获取其紫外光谱图，试样量推荐为 10 μL。

7.2.2 取汽油、煤油、柴油及不同型号的油漆稀释剂各 10 mL，自然挥发至 0.1 mL 后，分别溶于 5 mL 正己烷中配制出易燃液体残留物比对试样。将比对试样进行紫外光谱分析获取其紫外光谱图，试样量推荐为 10 μL。

7.2.3 取汽油、煤油、柴油及不同型号的油漆稀释剂各 100 mL 燃烧得到易燃液体燃烧烟尘，按照 7.1 的规定对其进行处理，获取易燃液体燃烧残留物比对试样。将比对试样进行紫外光谱分析获取其紫外光谱图，试样量推荐为 10 μL。

7.3 火灾现场样品的紫外光谱图制备

7.3.1 按 7.1 规定的方法，对火灾现场提取的样品进行预处理，制得火灾现场试样。

7.3.2 将 7.3.1 制得的火灾现场试样进行紫外光谱分析，试样量推荐为 10 μL，获得火灾现场试样的紫外光谱图。

7.4 火灾现场试样紫外光谱图识别

常见易燃液体残留物及其燃烧残留物的紫外光谱图特征参见附录 A。将 7.3 获得的火灾现场试样的紫外光谱图与 7.2 比对试样紫外光谱图进行比对，比对内容包括：

——整体谱图比对：吸收峰数目、位置；

——特征峰比对：吸收峰形状。

附 录 A
(资料性附录)
常见易燃液体残留物的紫外光谱图特征

A.1 汽油紫外光谱图特征

汽油中含有烯烃、芳香烃和稠环芳烃等物质,汽油紫外光谱图中特征峰为 272 nm、268 nm、265 nm、261 nm。

A.2 汽油燃烧烟尘紫外光谱图特征

汽油燃烧时发生了多种化学反应,生成了一些新的物质,其中大部分是多环芳烃物质,主要为芴、蒽、菲、荧蒽、芘、苯并蒽、苯并荧蒽、苯并芘、二苯并蒽、二苯并芘等。其中荧蒽、芘、苯并蒽、苯并荧蒽、苯并芘的成分所占的比例大,这些多环芳烃有很强的紫外吸收。汽油燃烧烟尘的紫外谱图中特征峰为 380 nm、360 nm、332 nm、315 nm、300 nm、287 nm、268 nm、250 nm。

A.3 煤油紫外光谱图特征

煤油中含有烯烃、芳香烃和稠环芳烃等物质,煤油的紫外光谱图中特征峰为 320 nm、272 nm、267 nm。

A.4 柴油及其燃烧残留物紫外光谱图特征

柴油中主要包括 C_9～C_{23} 的烷烃、烯烃、芳香烃和稠环芳烃等,其中苯、甲苯、二甲苯、C_3 烷基苯等单核的芳香烃含量同烷烃相比相对较少,萘、甲基萘、二甲基萘含量比汽油中的含量要相对增多,柴油中还包含一些含有多核芳烃如蒽、芴等,除具备汽油紫外光谱特征外,柴油最主要的一个特征峰为 254 nm。柴油由于沸点较高,燃烧不完全,紫外光谱图中还包含一些未燃烧柴油的特征,即 254 nm 特征得以保留。其燃烧生成的多环芳烃成分和汽油燃烧生成的多环芳烃相类似,但比例不同。

A.5 油漆稀释剂紫外光谱图特征

油漆稀释剂种类很多,根据其型号的不同,其中主要包含苯、甲苯、二甲苯、三甲苯等芳香烃成分及醛类、酮类、酯类等,常见油漆稀释剂紫外光谱特征峰见表 A.1。油漆稀释剂中的烷烃成分很少,与汽油、柴油燃烧的谱峰相比,燃烧后生成的多环芳烃成分更多,并且这些多环芳烃成分中苯并芘的比例和汽油、柴油燃烧后的比例明显不同,其他的芳烃成分和汽油、柴油燃烧后的成分相类似。

表 A.1 常见油漆稀释剂紫外光谱特征峰

油漆稀释剂	主要吸收谱带/nm
X-1	254、260
X-3	260、265、268、273
X-6	265、273、285
X-7	260、265、268、273

ICS 13.220.01
C 82

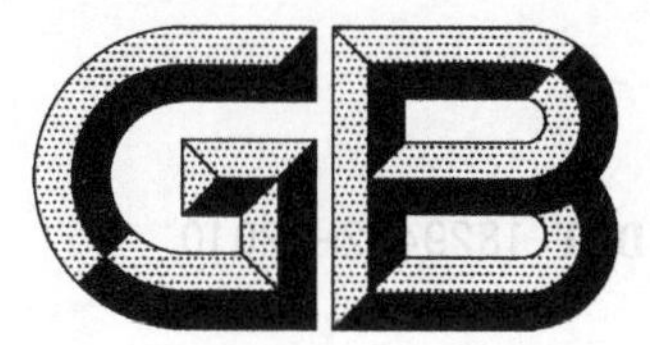

中华人民共和国国家标准

GB/T 18294.2—2010

火灾技术鉴定方法 第2部分：薄层色谱法

Technical identification methods for fire—
Part 2: Thin layer chromatography analysis

2011-01-14 发布 2011-06-01 实施

中华人民共和国国家质量监督检验检疫总局
中国国家标准化管理委员会 发布

前言

GB/T 18294《火灾技术鉴定方法》分为六个部分：

——第1部分：紫外光谱法；

——第2部分：薄层色谱法；

——第3部分：气相色谱法；

——第4部分：高效液相色谱法；

——第5部分：气相色谱-质谱法；

——第6部分：红外光谱法。

本部分为 GB/T 18294 的第2部分。

本部分按照 GB/T 1.1—2009 给出的规则起草。

本部分由中华人民共和国公安部提出。

本部分由全国消防标准化技术委员会火灾调查分技术委员会(SAC/TC 113/SC 11)归口。

本部分起草单位：公安部天津消防研究所。

本部分主要起草人：邓震宇、耿惠民、鲁志宝、田桂花、梁国福。

火灾技术鉴定方法
第2部分:薄层色谱法

1 范围

GB/T 18294的本部分规定了火灾技术鉴定中薄层色谱法的术语和定义、试验原理、试验仪器、试剂和材料、标准试样及试验方法。

本部分适用于汽油、煤油、柴油和油漆稀释剂等火场常见易燃液体及其燃烧残留物的鉴定。

2 规范性引用文件

下列文件对于本文件的应用是必不可少的。凡是注日期的引用文件,仅注日期的版本适用于本文件。凡是不注日期的引用文件,其最新版本(包括所有的修改单)适用于本文件。

GB/T 6682—2008 分析实验室用水规格和试验方法

GB/T 20162 火灾技术鉴定物证提取方法

3 术语和定义

下列术语和定义适用于本文件。

3.1

硅胶薄层板 thin layer chromatography plate of silica gel

按不同要求均匀涂有硅胶的玻璃、金属或塑料薄板。

3.2

薄层色谱法 thin layer chromatography analysis

将试样与适宜的对照物在同一薄层板点样、展开、显色后,再进行对比,用以进行火场常见易燃液体及其燃烧残留物鉴定的方法。

3.3

展开剂 developing solvent

可将试样在薄层板上分离开的试剂。

3.4

Rf值 Rf value

薄层板点样展开后的斑点中心至原点的距离与展开剂前沿至原点距离之比值。

4 试验原理

易燃液体及其燃烧残留物成分在薄层板点样后,由于薄层色谱固定相和流动相的分配系数不同而产生分离,依次对其进行荧光显色、碘蒸气显色和水显色,会呈现一定位置、大小和颜色的特征斑点,通过比对可确认易燃液体及其燃烧残留物的种类。

5 试验仪器

5.1 薄层板

硅胶 GF 板,在使用前需烘干活化处理,规格分为:

——2.5 cm×10 cm;

——5 cm×10 cm;

——10 cm×10 cm。

5.2 层析缸

200 mm×200 mm 平底方形玻璃层析缸。

5.3 点样器

内径在 0.3 mm~0.5 mm 的玻璃毛细管,或专用笔式点样器。

5.4 紫外荧光灯

波长为 300 nm~400 nm 的荧光灯。

5.5 刻度尺

测量范围为 0 cm~20 cm、最小刻度不大于 0.5 mm 的钢板尺或塑料尺。

6 试剂和材料

按本部分规定进行的分析试验,使用下列试剂和材料:

——石油醚:色谱纯,30 ℃~60 ℃,经脱芳烃、烯烃处理;

——三氯甲烷:分析纯;

——正己烷:分析纯;

——碘:化学纯;

——水:符合 GB/T 6682—2008 中规定的一级水;

——其他材料:脱脂棉、烧杯、定性滤纸等。

7 标准试样

7.1 未燃烧易燃液体标准试样

分别取汽油、柴油和油漆稀释剂等易燃液体约 0.1 mL,用 2 mL~5 mL 石油醚溶解,得到未燃烧易燃液体标准试样。

7.2 易燃液体燃烧残留物标准试样

分别取汽油、柴油和油漆稀释剂等易燃液体进行燃烧实验,收集烟尘并用适量石油醚溶解,得到易燃液体燃烧残留物的标准试样。

8 试验方法

8.1 检材预处理

按照 GB/T 20162 规定提取的火场易燃液体及其燃烧残留物检材，用浸有石油醚的脱脂棉反复擦拭，也可以将检材用石油醚浸泡提取，然后过滤除去杂质、在空气中自然挥发浓缩或缓慢加热浓缩至 0.5 mL 左右，获得分析用试样。

8.2 点样

用点样器将试样点在距离薄层板一端 1.5 cm～2.0 cm 处，点样量视分离效果而定，一般为 2 μL～3 μL。

8.3 展开

在层析缸内放入 10 mL 展开剂，将点好试样的薄层板斜浸入(液面应低于点样处 5 mm 左右)，接着密封层析缸进行展开，当展开剂上升到距板上端 1.5 cm 处时将板取出晾干。展开剂推荐使用三氯甲烷-正己烷(3+1)或三氯甲烷-石油醚(4+1)。

8.4 显色

8.4.1 荧光显色

用荧光灯照射薄层板，进行荧光显色。

8.4.2 碘蒸气显色

以封闭式碘蒸气熏蒸法进行显色。

8.4.3 水显色

将碘蒸气显色后的薄层板全部浸入水中后，立刻取出、晾干，观察其显色情况。

8.5 Rf 值测定

用刻度尺测定每个斑点的 Rf 值。两次测试结果的 Rf 值之间的误差应小于 0.05。取两次试验测试数据的平均值作为测试结果。

8.6 薄层色谱谱图比对

将火场样品薄层色谱谱图与易燃液体及其燃烧残留物标准样品谱图进行比对，比对内容包括：

——各斑点大小、颜色的比对；

——各斑点 Rf 值的比对；

——确定易燃液体或其燃烧残留物种类。

ICS 13.220.01
C 82

中华人民共和国国家标准

GB/T 18294.3—2006

火灾技术鉴定方法 第3部分:气相色谱法

Technical identification method for fire—
Part 3:Gas chromatography analysis

2006-12-26 发布 2007-05-01 实施

中华人民共和国国家质量监督检验检疫总局
中国国家标准化管理委员会 发布

前　言

GB/T 18294《火灾技术鉴定方法》分为三个部分：

——第1部分：紫外光谱法；

——第2部分：薄层色谱法；

——第3部分：气相色谱法。

本部分为GB/T 18294的第3部分。

本部分的附录A为资料性附录。

本部分由中华人民共和国公安部提出。

本部分由全国消防标准化技术委员会第一分技术委员会归口。

本部分起草单位：公安部天津消防研究所。

本部分主要起草人：鲁志宝、耿惠民、田桂花、梁国福、邓震宇。

火灾技术鉴定方法
第3部分:气相色谱法

1 范围

GB/T 18294的本部分规定了气相色谱法的术语和定义、原理、试验条件、试验方法和谱图识别方法。

本部分适用于火灾现场常见易燃液体及其燃烧残留物的鉴定。

2 规范性引用文件

下列文件中的条款通过GB/T 18294的本部分的引用而成为本部分的条款。凡是注日期的引用文件,其随后所有的修改单(不包括勘误的内容)或修订版均不适用于本部分,然而,鼓励根据本部分达成协议的各方研究是否可使用这些文件的最新版本。凡是不注日期的引用文件,其最新版本适用于本部分。

GB/T 18294.1 火灾技术鉴定方法 第1部分:紫外光谱法

3 术语和定义

GB/T 18294.1确立的及下列术语和定义适用于本部分。

3.1

燃烧残留物 residual substance after fire

火场中可燃物燃烧后残留的物品和燃烧后生成的烟尘。

3.2

保留时间 retention time

在设定的色谱分析条件下,易燃液体各特征组分从进样到出现峰最大值所需的时间。

4 原理

经实验室前期处理后得到的分析样品,注射到毛细管气相色谱中,在特定的实验条件下,样品经过一根对分析样品具有良好分离效果的毛细管色谱柱后获得色谱图,与标准色谱图比较,通过辨别特征谱峰来定性地判定是否有易燃液体或其燃烧残留物存在。

5 试验条件

5.1 气相色谱

5.1.1 气相色谱的检测器建议使用氢火焰离子检测器,其他的检测器如果与氢火焰离子检测器的灵敏度与选择性一致,也可以使用。

5.1.2 气相色谱的色谱柱建议使用非极性的高温毛细管柱,并且对烷烃、芳香烃和稠环芳烃有很好的分离效果。进样口温度、检测器温度、柱箱升温程序等条件也要能够将以上物质完全分离。柱温的升温范围在 50 ℃～340 ℃。

5.1.3 如果被测的样品在某个单一的色谱柱或某个升温程序下不能完全分离，宜使用其他色谱柱或者改变升温程序达到良好的分离效果。

5.2 附件

5.2.1 数据记录

使用能够满足数据采集和处理软件要求的计算机和打印机。

5.2.2 注射器

5.2.2.1 液体注射器：体积范围为 0.1 μ/L～10.0 μL 的微量注射器。

5.2.2.2 气体注射器：体积范围为 0.5 mL～5.0 mL 的气密性注射器。

5.3 溶剂和材料

5.3.1 本部分推荐使用的溶剂为 30 ℃～60 ℃分析纯的石油醚，使用时需经脱芳烃、烯烃处理，也可使用其他合适的溶剂。所选用的溶剂在使用前先在仪器上做溶剂空白实验，以确定溶剂本身是否对被测样品有干扰。

5.3.2 载气为氮气，也可以使用氢气和氦气。

5.3.3 氢火焰离子检测器燃烧气体为氢气和空气。

5.4 样品预处理

5.4.1 对墙壁、玻璃等固体表面附着的烟尘，建议用浸有溶剂的脱脂棉反复擦拭，也可以将试样砸成小块后用溶剂浸泡提取、过滤除去杂质，然后在空气中自然挥发浓缩或缓慢加热浓缩至 1 mL 左右。

5.4.2 对于地面、炭灰或其他实物试样，除可以用 5.4.1 方法提取外，还可用捕集、顶空、固相微萃取、活性炭吸附等方法提取。

6 标准样品谱图的制备方法

6.1 用标准辛烷值的汽油、标准凝点的柴油及稀释不同油漆的稀释剂作为标准样品，分别获得各自谱图。

6.2 用 6.1 中的各标准样品分别燃烧，取其燃烧残留物也作为标准样品，分别制备各自谱图。

6.3 6.1 和 6.2 中制备的谱图保存在 5.2.1 中的数据记录设备中，形成标准谱图库。

7 谱图识别方法

7.1 制备火场样品的谱图。

7.2 用标准样品的谱图进行比对。

7.2.1 可以同时用多张标准样品的谱图进行比对。

7.2.2 标准样品的谱图应和火场样品的分析条件和仪器设定灵敏度一致。

8 鉴定报告

鉴定报告应包括下列信息：

——火灾现场名称；
——送检人姓名、单位、地址和电话；
——送检样品名称、送检时间；
——鉴定仪器的名称；
——鉴定人姓名；
——审查人姓名；
——鉴定结论。

附　录　A
（资料性附录）
各类易燃液体及其燃烧残留物的谱图特征及确认标准

A.1　汽油中主要包括 C_4～C_{12} 的烷烃、烯烃、芳香烃和稠环芳烃等物质。当汽油经挥发和过火后，其中烷烃和烯烃成分发生了较大的变化，而芳香烃（苯、甲苯、二甲苯、乙苯、C_3 苯和 C_4 苯）和稠环芳烃（萘、甲基萘和二甲基萘）等成分保留的比较好，特别是 C_3 苯比苯、甲苯、二甲苯、乙苯减少相对较少，而萘、甲基萘和二甲基萘等稠环芳烃稳定不变。

A.2　汽油燃烧时发生了多种化学反应，生成了一些新的物质，其中大部分是多环芳烃物质，主要为芴、蒽、菲、荧蒽、芘、苯并蒽、苯并荧蒽、苯并芘、二苯并蒽、二苯并芘等。其中荧蒽、芘、苯并蒽、苯并荧蒽、苯并芘的成分所占的比例大。

A.3　柴油中主要包括 C_9～C_{23} 的正构烷烃、烯烃、芳香烃和稠环芳烃等，其中苯、甲苯、二甲苯、C_3 苯等单核的芳香烃含量同烷烃相比相对较少，萘、甲基萘、二甲基萘含量比汽油中的含量要相对增多，柴油中还包含一些含有多核芳烃如蒽、芴等。当柴油经挥发和过火后，除保留一些原有的烷烃外，还生成了一些更高碳数的长链烷烃，其他成分的变化和汽油过火后的变化类似。

A.4　柴油由于沸点较高，燃烧不完全，谱图中还包含一些未燃烧柴油的特征。同时，柴油中的大量烷烃在燃烧后又生成了一些更高碳数的烷烃。和汽油相比，其烷烃成分要相对多一些。另外其新生成的多环芳烃成分和汽油燃烧生成的多环芳烃相类似。

A.5　油漆稀释剂种类很多，根据其型号的不同，其中主要包含苯、甲苯、二甲苯、三甲苯等芳香烃成分及醛类、酮类、酯类等。油漆稀释剂中的烷烃成分很少，所以和汽油、柴油燃烧的色谱峰相比，燃烧后生成的多环芳烃成分更多，并且这些多环芳烃成分中苯并芘的比例和汽油、柴油燃烧后的比例明显不同，其他的芳烃成分和汽油、柴油燃烧后的成分相类似。

ICS 13.220.01
C 82

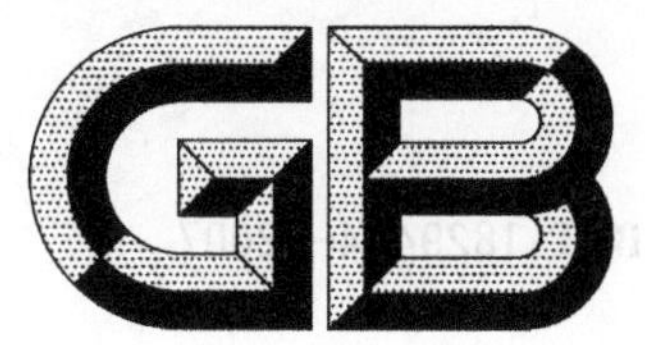

中华人民共和国国家标准

GB/T 18294.4—2007

火灾技术鉴定方法
第4部分：高效液相色谱法

Technical identification method for fire
Part 4: High performance liquid chromatography analysis

2007-07-02 发布　　2008-01-01 实施

中华人民共和国国家质量监督检验检疫总局
中国国家标准化管理委员会　发布

前　言

GB/T 18294《火灾技术鉴定方法》分为5个部分：

——第1部分：紫外光谱法；

——第2部分：薄层色谱法；

——第3部分：气相色谱法；

——第4部分：高效液相色谱法；

——第5部分：气相色谱-质谱法。

本部分为GB/T 18294的第4部分。

本部分的附录A为资料性附录。

本部分由中华人民共和国公安部提出。

本部分由全国消防标准化技术委员会第一分技术委员会归口。

本部分起草单位：公安部天津消防研究所。

本部分主要起草人：邓震宇、鲁志宝、耿惠民、田桂花。

本部分为首次发布。

火灾技术鉴定方法
第4部分：高效液相色谱法

1 范围

GB/T 18294的本部分规定了高效液相色谱法的术语和定义、方法要点、试剂和标准试样、仪器和设备、操作方法和色谱图识别步骤。

本部分适用于火灾现场汽油、柴油、油漆稀释剂等常见易燃液体及其燃烧残留物的鉴定。

2 规范性引用文件

下列文件中的条款通过GB/T 18294的本部分的引用而成为本部分的条款。凡是注日期的引用文件，其随后所有的修改单(不包括勘误的内容)或修订版均不适用于本部分，然而，鼓励根据本部分达成协议的各方研究是否可使用这些文件的最新版本。凡是不注日期的引用文件，其最新版本适用于本部分。

GB/T 20162　火灾技术鉴定物证提取方法

3 术语和定义

GB/T 20162确立的以及下列术语和定义适用于本部分。

3.1

保留时间　retention time

组分从进样到出现峰最大值所需的时间。

3.2

高效液相色谱法　high performance liquid chromatography(HPLC)

具有高分离效能的柱液相色谱法。

3.3

色谱图　chromatogram

色谱柱流出物通过检测器时所产生的响应信号对时间的曲线图或流动相流出体积的曲线图。

3.4

峰高　peak height

峰的最大值到峰底之间的距离。

3.5

峰面积　peak area

峰顶至峰底之间的面积。

4 方法要点

利用试样中各组分在色谱柱内固定相和流动相间分配或吸附特性的差异，在高压下由流动相将试样带入反相色谱柱中进行高效分离，经紫外检测器检测，依据组分的保留时间和响应值(峰面积或峰高)

进行定性分析。

5 试剂和标准试样

5.1 试剂

甲醇,色谱纯;石油醚,色谱纯;去离子水,用 0.3 μm 有机滤膜处理。

5.2 标准试样

5.2.1 未烧易燃液体标准试样

分别取新鲜的和挥发 20%、40%、60%和 80%体积的汽油、柴油和油漆稀释剂等易燃液体 10 μL,用 10 mL 甲醇溶剂溶解,配成其浓度约为 0.1%的标准储备液。然后取一定体积的标准储备液用不同量的甲醇稀释,配成各种浓度的未烧易燃液体标准试样,其中最低浓度应稍高于仪器的最低检测限。

5.2.2 易燃液体燃烧残留物标准试样

取汽油、柴油和油漆稀释剂等易燃液体进行燃烧实验,收集烟尘并用适量甲醇溶解,用 0.3 μm 有机滤膜过滤,得到易燃液体燃烧残留物的标准储备液。然后取一定体积的标准储备液用不同量的甲醇稀释,配成各种浓度的易燃液体燃烧残留物标准试样,其中最低浓度应稍高于仪器的最低检测限。

6 仪器和设备

——高效液相色谱仪(配有紫外检测器);
——恒温水浴槽;
——0.3 μm 有机滤膜。

7 操作方法

7.1 样品预处理

7.1.1 对于火场烟尘样品,用石油醚浸泡提取、过滤除去杂质,然后放在恒温水浴槽内加热浓缩至约 0.5 mL,经 0.3 μm 有机滤膜过滤待用。

7.1.2 从地面、炭灰或其他实物试样鉴定未烧易燃液体成分,除可用 7.1.1 方法进行溶剂提取外,为了尽可能排除干扰,建议采用捕集、顶空、固相微萃取、活性炭吸附等方法提取。

7.2 推荐色谱条件

——色谱柱:C18　3.5 μm　4.6 mm×250 mm(或相当型号色谱柱);
——流动相:
- 溶剂 A:去离子水;
- 溶剂 B:甲醇;

——柱温:40 ℃。检测波长:275 nm 或 285 nm(推荐采用双波长模式)。进样量 2 μL。梯度洗脱:流速:1 mL/min。梯度条件见表 1。

表 1 梯度条件

时间 min	流动相 %		曲线
	A	B	
0	20	80	线性
9.0	20	80	线性
25.0	0	100	线性
40.0	0	100	线性
48.0	20	80	线性

8 色谱图识别步骤

8.1 建立相关易燃液体及其燃烧残留物的标准色谱图。

8.2 把被测样品色谱图与其相对应的标准色谱图进行比对,可同时与多张标准色谱图进行比对。用于比对的色谱图其测定时的色谱条件和仪器设定灵敏度应一致。

8.3 同一认定时,被测样品色谱图与标准色谱图中各成分的保留时间应一致,各成分的峰面积之比应一致,各成分的峰形应相似。相关易燃液体以及燃烧残留物的确认依据参见附录 A。

8.4 辅助的定性方法:可用在分析试样中加特征物质标样使峰高叠加的方法;或用停泵扫描方式获得的各组分紫外光谱图与对应标样的紫外光谱图进行比对的方法来帮助鉴定化合物。

附 录 A
（资料性附录）
相关易燃液体以及燃烧残留物的确认依据

A.1 汽油

A.1.1 高效液相色谱鉴定未烧汽油主要是鉴定其含有的芳烃和多环芳烃等物质，包括苯、甲苯、二甲苯、乙苯、C_3 苯和 C_4 苯等芳烃和萘、甲基萘、二甲基萘、蒽、芴等多环芳烃。新鲜汽油这些成分的多少比例是一定的。但经挥发或过火后，苯、甲苯、二甲苯、乙苯等轻组分会发生损失，而 C_3 苯和 C_4 苯等芳烃和萘、甲基萘、二甲基萘、芴等多环芳烃等重组分表现较为稳定，从而使重组分比重相对加大。这些芳香烃、多环芳烃以及一些汽油添加剂等成分存在并且含量之比与未烧汽油样品基本一致是鉴定的依据。

A.1.2 高效液相色谱鉴定汽油燃烧残留物主要是鉴定汽油在燃烧后残留和燃烧中生成的一些芳香烃、多环芳烃和一些氧化物等物质成分。特征物质包括苊烯、苊、芴、菲、蒽、荧蒽、芘、苯并(a)蒽、䓛、苯并(b)荧蒽、苯并(k)荧蒽、苯并(a)芘、二苯并(a,h)蒽、苯并(ghi)苝、茚并(1,2,3-cd)芘等以及其同分异构体、氧化物。这些特征物质存在并且含量之比与汽油燃烧残留物样品基本一致是确定汽油燃烧残留物存在的依据。

A.2 柴油

A.2.1 液相色谱鉴定未烧柴油主要是鉴定其含有的芳香烃和多环芳烃等物质。萘、甲基萘、二甲基萘、蒽、芴以及其他更高沸点的多环芳烃含量比汽油中的含量要高，它们是重要的特征物质。柴油经挥发或过火后，轻组分也会变少，重组分比重相对加大，但这现象通常没有汽油明显。

A.2.2 柴油由于沸点较高，燃烧不完全，燃烧残留物的谱图中还包含一些未烧柴油的特征物质，和汽油燃烧残留物相比，虽有相似的成分，但生成的多环芳烃成分要多，含量之比差别也较大。

A.3 油漆稀释剂

A.3.1 油漆稀释剂种类很多，根据其种类的不同，可含有苯、甲苯、二甲苯和三甲苯等芳烃以及醛类、酮类、酯类等成分，这些成分都可以用紫外检测器进行检测。试样谱图与对应种类的油漆稀释剂谱图进行比对，可鉴定是否存在某种油漆稀释剂。

A.3.2 油漆稀释剂燃烧后，依其种类的不同，生成的多环芳烃以及衍生物成分各异，相互含量之比也有差别。但一般多环芳烃以及衍生物种类较少，且偏重于多环数（如五环、六环和七环）。另外含有醛类、酮类、酯类等特征物质。通过试样谱图与对应种类的油漆稀释剂燃烧残留物谱图进行比对，可鉴定是否存在某种油漆稀释剂。

A.4 火场干扰物的排除

由于火场存在的塑料、橡胶、纸张、木材、织物等有机可燃材料以及其他新出现的合成材料的燃烧产物可能对鉴定产生干扰，干扰严重时可使鉴定变得十分困难，因此需要获得这些背景材料，进行燃烧实验，提取其燃烧残留物来做高效液相色谱分析，以排除这些材料的干扰。

ICS 13.220.01
C 82

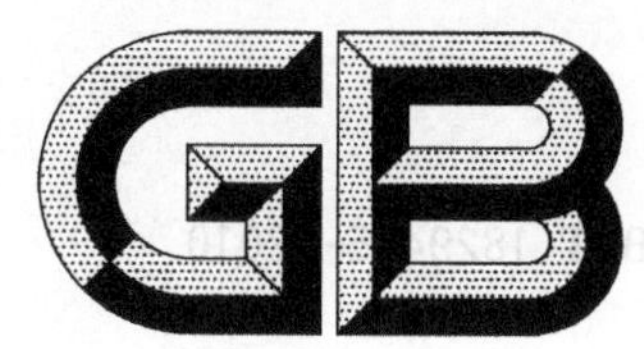

中华人民共和国国家标准

GB/T 18294.5—2010

火灾技术鉴定方法 第5部分：气相色谱-质谱法

Technical identification methods for fire—
Part 5: Gas chromatography-mass spectrometry analysis

2011-01-14 发布 2011-06-01 实施

中华人民共和国国家质量监督检验检疫总局
中国国家标准化管理委员会 发布

前　言

GB/T 18294《火灾技术鉴定方法》分为六个部分：

——第 1 部分：紫外光谱法；

——第 2 部分：薄层色谱法；

——第 3 部分：气相色谱法；

——第 4 部分：高效液相色谱法；

——第 5 部分：气相色谱-质谱法；

——第 6 部分：红外光谱法。

本部分为 GB/T 18294 的第 5 部分。

本部分按照 GB/T 1.1—2009 给出的规则起草。

本部分由中华人民共和国公安部提出。

本部分由全国消防标准化技术委员会火灾调查分技术委员会(SAC/TC 113/SC 11)归口。

本部分起草单位：公安部天津消防研究所。

本部分主要起草人：田桂花、鲁志宝、邓震宇、梁国福、耿惠民。

火灾技术鉴定方法
第5部分：气相色谱-质谱法

1 范围

GB/T 18294的本部分规定了火灾技术鉴定中气相色谱-质谱(GC-MS)法的术语和定义、试验原理、试验仪器、试验条件及试验方法。

本部分适用于汽油、煤油、柴油、油漆稀释剂等火灾现场常见易燃液体及其燃烧残留物的鉴定。

2 规范性引用文件

下列文件对于本文件的应用是必不可少的。凡是注日期的引用文件，仅注日期的版本适用于本文件。凡是不注日期的引用文件，其最新版本(包括所有的修改单)适用于本文件。

GB/T 19267.7 刑事技术微量物证的理化检验 第7部分：气相色谱-质谱法

GB/T 20162 火灾技术鉴定物证提取方法

3 术语和定义

GB/T 19267.7和GB/T 20162界定的以及下列术语和定义适用于本文件。

3.1

总离子流色谱图 total ion chromatogram

在设定的色谱分析条件下，易燃液体通过毛细管色谱柱，经质谱连续扫描得到的各组分的总离子流强度随扫描时间变化的图谱。

3.2

提取离子流色谱图 extracted on chromatogram

由总离子流色谱图中筛选出的易燃液体特征离子峰组成的图谱。

4 试验原理

经实验室预处理后得到待分析试样，注射到气相色谱-质谱联用仪中，经过一根对分析试样具有良好分离效果的毛细管色谱柱后进入质谱，得出总离子流色谱图，利用总离子流色谱图和提取离子流色谱图辨别特征谱峰来定性地判定易燃液体的特性。

5 试验仪器

5.1 气相色谱-质谱联用仪

由分离易燃液体的毛细管色谱和鉴定易燃液体的质谱检测器组成的联用仪。

5.2 注射器

5.2.1 液体注射器：体积范围为0.1 μL～10.0 μL的微量注射器。

5.2.2 气体注射器:体积范围为 0.5 mL～5.0 mL 的气密性注射器。

6 试验条件

6.1 气相色谱条件

气相色谱条件主要包括:

——色谱柱建议使用非极性或弱极性毛细管柱,要求对烷烃、芳香烃和稠环芳烃有很好的分离效果;

——进样口温度、分流比、柱箱升温程序等条件应能够将上述物质完全分离;

——推荐程序:50 ℃恒温 2 min,以 10 ℃/min 的速率升温至 260 ℃,260 ℃恒温 15 min,满足易燃液体残留成分及其燃烧残留物的全范围分析。

6.2 质谱条件

质谱条件主要包括:

——离子源温度、传输线温度的选择应满足易燃液体各组分对质谱部分污染较小为原则;

——扫描时间和扫描间隔适当;

——设置适当的溶剂延迟时间,以切除溶剂峰,推荐为 3 min;

——根据被测定的组分的质谱碎片质荷比大小选择适当的 Mass(m/z)范围,推荐 35 AMU～400 AMU。

6.3 溶剂和材料

6.3.1 本部分推荐使用的溶剂为色谱纯正己烷,也可根据需要使用其他合适的溶剂。所选用的溶剂在使用前应在气相色谱-质谱联用仪上做空白试验,以确定质谱切除溶剂峰的延迟时间,考察溶剂是否含对被测样品有干扰。

6.3.2 材料:脱脂棉、烧杯、定性滤纸等。

7 试验方法

7.1 含易燃液体残留物或易燃液体燃烧残留物的检材预处理

按照 GB/T 20162 规定提取的检材,对于不同类型载体中易燃液体残留物或易燃液体燃烧残留物,应分别按如下方法进行预处理:

——对墙壁、玻璃等固体表面附着的烟尘,建议用浸有溶剂的脱脂棉反复擦拭,也可以将试样砸成小块后用溶剂浸泡提取、过滤除去杂质,然后在空气中自然挥发浓缩或缓慢加热浓缩至 0.5 mL 左右;

——对于各种地面、炭灰或其他实物检材,为了尽可能排除干扰,推荐采用捕集、顶空、固相微萃取、活性炭吸附等方法提取。

7.2 标准样品的 GC-MS 谱图制备

7.2.1 采用标准辛烷值的汽油、标准凝点的柴油及不同的油漆稀释剂等作为未烧易燃液体标准样品。

7.2.2 采用 7.2.1 规定的易燃液体标准样品进行燃烧实验,提取各自的燃烧残留物,按 7.1 的规定进行预处理后,得到的试样作为易燃液体燃烧残留物标准样品。

7.2.3 按第 6 章规定的试验条件,将 7.2.1、7.2.2 制得的标准样品,采用 5.2 规定的注射器,进样量不大于 0.5 μL，进行气相色谱-质谱法分析。

7.2.4 把 7.2.3 制备的谱图保存在数据记录设备中，形成易燃液体标准样品 GC-MS 谱图库。

7.3 火灾现场检材的 GC-MS 谱图制备

7.3.1 按 7.1 规定的方法，对火灾现场提取的检材进行预处理，制得火场试样。

7.3.2 按第 6 章规定的试验条件，将 7.3.1 制得的火场试样，采用 5.2 规定的注射器，进样量不大于 0.5 μL，对试样进行气相色谱-质谱法分析，获得火场试样的 GC-MS 谱图。

7.4 火场样品 GC-MS 谱图识别

常见易燃液体残留物及其燃烧残留物的谱图特征参见附录 A。将 7.3 获得的火场试样的 GC-MS 谱图与 7.2 获得的标准样品 GC-MS 谱图进行比对，比对内容包括：

——总离子流色谱图的比对；

——提取离子流色谱图的比对。

附　录　A
（资料性附录）
常见易燃液体残留物的谱图特征

A.1 汽油中主要包括烷烃、烯烃、芳香烃和稠环芳烃等物质。当汽油经挥发和过火后，其中烷烃和烯烃成分发生了较大的变化，而芳香烃[苯(m/z:78)、甲苯(m/z:91)、C_2 乙苯(m/z:106)、C_3 苯(m/z:120)和 C_4 苯(m/z:134)]和稠环芳烃[萘(m/z:128)、甲基萘(m/z:142)和二甲基萘(m/z:156)]等成分保留的比较好，特别是 C_3 苯比苯、甲苯、二甲苯、乙苯减少相对较少，而萘、甲基萘和二甲基萘等稠环芳烃稳定不变。

A.2 汽油燃烧时发生了多种化学反应，生成了一些新的物质，其中大部分是多环芳烃物质，主要为芴、蒽、菲、荧蒽、芘、苯并蒽、苯并荧蒽、苯并芘、二苯并蒽、二苯并芘等。其中荧蒽、芘、苯并蒽、苯并荧蒽、苯并芘的成分所占的比例大。

A.3 柴油中主要包括 C_9～C_{23} 的烷烃、烯烃、芳香烃和稠环芳烃等，其中苯、甲苯、二甲苯、C_3 苯等单核的芳香烃含量同烷烃相比相对较少，萘、甲基萘、二甲基萘含量比汽油中的含量要相对增多，柴油中还包含一些含有多核芳烃如蒽、芴等。当柴油经挥发和过火后，除保留一些原有的烷烃外，还生成了一些更高碳数的长链烷烃，其他成分的变化和汽油过火后的变化类似。

A.4 柴油由于沸点较高，燃烧不完全，谱图中还包含一些未燃烧柴油的特征。同时，柴油中的大量烷烃在燃烧后又生成了一些更高碳数的烷烃。和汽油相比，其正构烷烃成分要相对多一些。另外其新生成的多环芳烃成分和汽油燃烧生成的多环芳烃相类似。

A.5 油漆稀释剂种类很多，根据其型号的不同，其中主要包含苯、甲苯、二甲苯、三甲苯等芳香烃成分及醛类、酮类、酯类等。油漆稀释剂中的烷烃成分很少，所以和汽油、柴油燃烧的色谱峰相比，燃烧后生成的多环芳烃成分更多，并且这些多环芳烃成分中苯并芘的比例和汽油、柴油燃烧后的比例明显不同，其他的芳烃成分和汽油、柴油燃烧后的成分相类似。

ICS 13.220.20
C 82

中华人民共和国国家标准

GB/T 18294.6—2012

火灾技术鉴定方法
第6部分：红外光谱法

Technica lidentification methods for fire—
Part 6：Infrared spectroscopy analysis

2012-12-31 发布　　2013-06-01 实施

中华人民共和国国家质量监督检验检疫总局
中国国家标准化管理委员会　发布

前　言

GB/T 18294《火灾技术鉴定方法》由以下部分组成：

——第1部分：紫外光谱法；

——第2部分：薄层色谱法；

——第3部分：气相色谱法；

——第4部分：高效液相色谱法；

——第5部分：气相色谱-质谱法；

——第6部分：红外光谱法。

本部分为GB/T 18294《火灾技术鉴定方法》的第6部分。

本部分按照GB/T 1.1—2009给出的规则起草。

本部分由中华人民共和国公安部提出。

本部分由全国消防标准化技术委员会火灾调查分技术委员会(SAC/TC 113/SC 11)归口。

本部分起草单位：公安部天津消防研究所。

本部分主要起草人：田桂花、鲁志宝、邓震宇、梁国福、范子琳。

本部分为首次发布。

火灾技术鉴定方法
第6部分:红外光谱法

1 范围

GB/T 18294的本部分规定了火灾技术鉴定中红外光谱法的术语和定义、原理、试验条件、试验方法。

本 部分适用于火灾现场有机残留物的鉴定。

2 规范性引用文件

下列文件对于本文件的应用是必不可少的。凡是注日期的引用文件,仅注日期的版本适用于本文件。凡是不注日期的引用文件,其最新版本(包括所有的修改单)适用于本文件。

GB/T 19267.1 刑事技术微量物证的理化检验 第1部分:红外吸收光谱法

GB/T 20162 火灾技术鉴定物证提取方法

3 术语和定义

GB/T 19267.1和GB/T 20162界定的以及下列术语和定义适用于GB/T 18294的本文件。

3.1

特征频率区 characteristic frequency region

火灾现场有机残留物具有的处在4 000 cm^{-1}～1 250 cm^{-1}区域内的光谱。

3.2

指纹区 fingerprint region

火灾现场有机残留物具有的处在1 250 cm^{-1}～400 cm^{-1}区域内的光谱。

4 原理

当红外光照射到火灾现场有机残留物时,一定频率的红外光波被相同振动频率的化学键所吸收,产生能级跃迁。不同物质组成结构不同,对红外光吸收也不同,依据此特性可以对未知物的结构组成进行鉴定。

5 试验条件

5.1 条件设定

5.1.1 工作环境相对湿度50%以下。

5.1.2 仪器参数:光谱范围4 000 cm^{-1}～400 cm^{-1},扫描次数32,扫描间隔2 cm^{-1},分辨率4 cm^{-1}(注:气体样品分辨率为2 cm^{-1})。

5.2 材料与试剂

5.2.1 滤纸、放大镜、切割刀具、研钵等。

5.2.2 纯度为分析纯的溴化钾。

5.2.3 纯度为分析纯的三氯甲烷、丙酮、乙酸乙酯、四氢呋喃、甲醇、二甲基甲酰胺等有机试剂。

6 试样制备

6.1 试样分离

主要采用下列方法对火灾现场试样进行分离：

——机械剥离：直接用刀具剥离或在放大镜下对非纯净物质用带尖工具剥离；

——溶剂溶解：选用不同的试剂，分别溶解试样中的有机物残留物，达到分离目的；

——薄层分离：选用合适的溶剂溶解后，在薄层板上用不同展开剂分离。

6.2 制样

6.2.1 固体试样

可采用下列方法制样：

a) 溴化钾压片法：将6.1分离出的试样与烘干的溴化钾放在一起研磨成细粉，再将其置于模具中压制成透明片；

b) 溶解成膜法：以合适的溶剂溶解检材，涂于溴化钾盐片上，挥发掉溶剂成膜；

c) 热压成膜法：对热塑性高聚物，可以采用将其剪成细小颗粒置于两块溴化钾盐片之间，以铜板加热使之熔融成膜。

6.2.2 液体试样

将液体试样滴于溴化钾盐片上，用另一盐片盖住，但对于易挥发的液体试样要将其注入液体池。

6.2.3 气体试样

根据检材量大小，选用不同光程的气体池，将气体池抽真空后导入气体试样。

7 试验方法

7.1 测试

将6.2中制好的试样置于红外光谱仪的样品舱内，按照5.1试验条件，依据操作规程，绘制出试样的红外光谱图。

7.2 谱图判别

7.2.1 未知物的鉴定

根据7.1测试出的试样的红外光谱提供的特征频率区和指纹区的结构信息，推断出其含有的特征官能团，判断未知物的类别，然后进行检索，或与标准谱图比对。根据检索结果，用相应物质绘制谱图，再与未知物红外谱图比对，得出结论。如果未知物没有足够的纯净度，应多取几个试样点绘图，反复进行检索。

7.2.2 目标物认定

7.2.2.1 用标准物对照,在相同条件下,绘制两种物质的红外光谱图,然后进行比对。

7.2.2.2 若没有标准物质作对照,需通过查阅商业谱图或检索谱库,用未知物的谱图与被指认物质的红外光谱图比对,得出结论。常见火灾现场残留物的红外谱图特征参见附录A。

附 录 A
（资料性附录）
常见火灾现场残留物的谱图特征

A.1 常见易燃液体红外特征峰

汽油、煤油、柴油等石油基质的易燃液体燃烧时发生了多种化学反应，生成了一些新的物质，其中大部分是多环芳烃物质，主要为芴、蒽、菲、荧蒽、芘、苯并蒽、苯并荧蒽、苯并芘、二苯并蒽、二苯并芘等。其中荧蒽、芘、苯并蒽、苯并荧蒽、苯并芘的成分所占的比例大，多环芳烃在红外光谱中呈现不饱和烃特征，3 040 cm^{-1}处吸收峰为其特征峰。

A.2 油脂红外特征峰

油脂种类主要包括植物油和动物油，它们多含有不饱和的油酸和亚油酸，在红外谱图中以双键 3 020 cm^{-1}与酯羰基 1 740 cm^{-1}为其特征峰。

A.3 机油红外特征峰

机油以长链烃为主，其红外谱图只呈现简单的C—H 吸收峰特征，以 721 cm^{-1}为其特征峰。

A.4 硝化纤维素红外特征峰

硝化纤维素为自燃类物质，其红外光谱以硝基在 1 600 cm^{-1}附近、1 110 cm^{-1}～1 050 cm^{-1}之间以及 840 cm^{-1}～800 cm^{-1}之间的 3 个吸收峰为其特征。

ICS 13.220.99
C 82

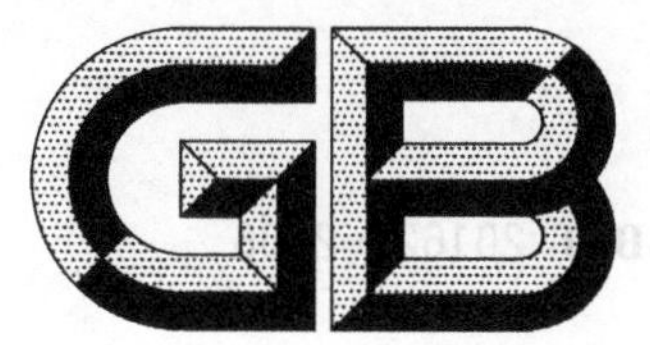

中华人民共和国国家标准

GB/T 20162—2006

火灾技术鉴定物证提取方法

Method for collection of physical evidence for fire technical identification

2006-03-14 发布　　2006-10-01 实施

中华人民共和国国家质量监督检验检疫总局
中国国家标准化管理委员会　发布

前　言

本标准由中华人民共和国公安部提出。

本标准由全国消防标准化技术委员会第一分技术委员会归口。

本标准起草单位:公安部天津消防科学研究所。

本标准主要起草人:鲁志宝、耿惠民、田桂花、刘振刚、邓震宇、梁国福、陈克。

火灾技术鉴定物证提取方法

1 范围

本标准规定了火灾技术鉴定物证的术语和定义、物证提取的器材、材料与试剂、方法和注意事项。

本标准适用于电气火灾、自燃火灾、爆炸火灾、放火等火灾技术鉴定物证的提取。

2 规范性引用文件

下列文件中的条款通过本标准的引用而成为本标准的条款。凡是注日期的引用文件，其随后所有的修改单(不包括勘误的内容)或修订版均不适用于本标准，然而，鼓励根据本标准达成协议的各方研究是否可使用这些文件的最新版本。凡是不注日期的引用文件，其最新版本适用于本标准。

GB 16840.1 电气火灾原因技术鉴定方法 第1部分：宏观法

GB/T 18294.1 火灾技术鉴定方法 第1部分：紫外光谱法

3 术语和定义

GB 16840.1 和 GB/T 18294.1 确立的术语和定义适用于本标准。

4 器材、材料与溶剂

4.1 提取器材

提取器材包括下列工具：

a) 镊子、钳子等夹取类工具；
b) 剪刀、手术刀等剪割类工具；
c) 锯子、切割机等切割类工具；
d) 毛刷、铲子、钩子、锤子、筛子等清理类工具；
e) 磁铁等吸附类工具。

4.2 辅助器材和材料

辅助器材包括下列器具材料：

a) 放大器(带照明，放大倍数为4倍以上)；
b) 照明灯具；
c) 抽气泵、注射器、采样器、气囊等气体取样器材；
d) 脱脂棉。

4.3 包装器材和材料

包装器材包括下列器具材料：

a) 可封口的聚乙烯塑料袋、纸袋；
b) 磨口玻璃瓶；

c） 可密封的金属罐；

d） 标签纸。

4.4 溶剂

主要用于现场烟尘痕迹提取，包括：石油醚、正己烷、乙醚、氯仿等，溶剂纯度为分析纯或分析纯以上。

5 提取方法

5.1 电气火灾

5.1.1 提取部位

根据现场的具体情况，可按照供电系统（电源部分）→配电系统（配电盘）→电气线路及电气连接件→用电设备或器具的顺序，查找每一处熔化痕迹，重点提取起火部位的带有熔化痕迹的物证。

5.1.2 主要物证

——电线电缆类：以铜、铝导线为主；

——接插件类：插头插座、接线端子、线路接头、开关等；

——低压电器类：断路器、熔断器、刀形开关、转换开关、接触器、启动器、控制继电器、主令电器、电阻器、变阻器、电磁铁等；

——电气照明类：白炽灯、卤钨灯、荧光灯、霓虹灯、高压钠灯等；

——电热器具类：电熨斗、电炊具、电炉子、电暖器、热水器、电饭锅等；

——家用电器类：电视机、影碟机、空调机、洗衣机、电风扇、电吹风机、音响设备、电冰箱等；

——电动设备类：发电机、电动机、起动机、压缩机等；

——电磁设备类：小型变压器、稳压器、充电器、电铃等；

——电工仪表类：电压表、电流表、电度表等；

——电子元器件类：电路板、电容、电阻、功率管等；

——雷击电流、漏电流通路上的金属件；

——电雷击电流和短路电流通路附近的铁磁性物质；

——其他电气设备上的金属熔痕。

物证提取前应认真核实，确认是否在起火前使用的电气线路或电气设备，防止误将曾经发生电气故障的残留物作为物证提取和鉴定。

5.1.3 辅助物证

与直接物证有关的线路、保险控制装置等具有辅助证明作用的物证必要时应一并提取。

5.2 自燃火灾

应提取起火点处自燃后的炭化残留物以及与自燃物相同的原物质，共同作为物证鉴定的试样。

5.3 爆炸火灾

5.3.1 提取部位

当爆炸起火点确认之后，提取爆炸点及距爆炸点不同位置的爆炸飞溅物（散落在地面、设备表面、墙壁上等），以及未在火场存放，未经爆炸燃烧的原物品，共同作为物证鉴定的试样。

5.3.2 液体、固体爆炸

应将不同位置的爆炸飞溅物及爆炸燃烧形成的残留物，按空间立体取样法提取。

5.3.3 气体爆炸

爆炸点及其附近的气样采用抽气泵、采样器或注射器抽提。爆炸点周围的烟尘按空间立体取样法提取。

5.4 放火

5.4.1 提取部位

火灾技术鉴定物证按空间立体取样法提取。

5.4.2 烟尘提取

在起火点附件的玻璃、墙壁等固体表面上附着的烟尘，应采用脱脂棉进行反复擦拭或用刀片将带烟尘的墙壁刮取以及直接提取附着烟尘的玻璃片，放入包装器材中封存。

5.4.3 地面提取

对于起火点处地面可采用脱脂棉擦拭表面附着的燃烧残留物或将地面直接砸碎、锯割、挖取，封存。

5.4.4 人体提取

衣服、头发、指甲以及尸体的手脸表皮附着烟尘、气管、肺叶等器官附着的烟尘应分别提取，并放入洁净的器皿中封存。

5.4.5 炭灰提取

起火点处的炭灰直接提取，封存。

5.5 取样量

技术鉴定的物证可按下列数量提取：
——熔痕及设备，起火点处的熔痕尽量取全，设备物证当不容易拆解时，可整体提取；
——炭灰及地面，每个点应提取 250 g 以上；
——烟尘，应提取纯烟尘 0.1 g 以上；
——头发，应提取 1 g 以上；指甲应提取可剪的全部，衣服应提取 200 g 以上；
——气体，应提取 500 mL 以上。

6 注意事项

物证提取应注意以下事项：
——物证提取要及时，防止人为破坏及试样自然损失；
——物证提取要准确。火灾扑救后，应马上勘查与调查现场，待确定起火点后，经与物品保管与使用人、扑救人员核实该物品是否搬动移位，并固定其在火场的位置、形态与其他物证的有机联系，然后再提取封存；
——在提取物证之前应对现场及要提取的物证进行拍照、录像与记录备案，然后再拆解提取；

——对封存保管的样品要标明火场名称、样品名称、样品数量、取样位置、时间、取样人及见证人；

——物证提取所使用的盛装袋或容器必须保持洁净，不得有污染，不得混装，并严格封存；

——确保选择的盛装袋或容器不与所盛装的样品发生化学反应，避免污染。

ICS 13.220.01
C 82

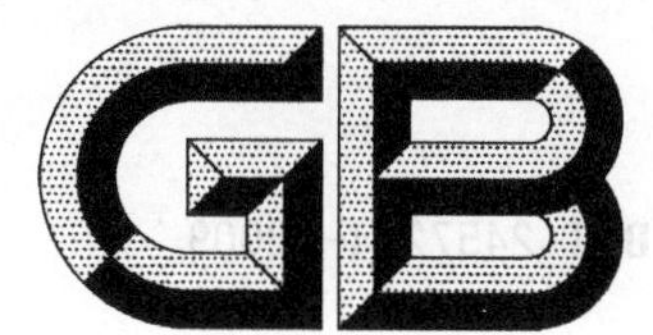

中华人民共和国国家标准

GB/T 24572.1—2009

火灾现场易燃液体残留物实验室提取方法 第1部分:溶剂提取法

Standard practice for separation and concentration of ignitable liquid residues from fire debris samples—Part 1: Solvent extraction

2009-10-30 发布　　2010-04-01 实施

中华人民共和国国家质量监督检验检疫总局
中国国家标准化管理委员会　发布

前　言

GB/T 24572《火灾现场易燃液体残留物实验室提取方法》分为5个部分：

——第1部分：溶剂提取法；

——第2部分：直接顶空进样法；

——第3部分：活性炭吸附法；

——第4部分：固相微萃取法；

——第5部分：吹扫捕集法。

本部分为GB/T 24572的第1部分。

本部分由中华人民共和国公安部提出。

本部分由全国消防标准化技术委员会第十一分技术委员会(SAC/TC 113/SC 11)归口。

本部分起草单位：公安部天津消防研究所。

本部分主要起草人：田桂花、鲁志宝、邓震宇、范子琳、耿惠民、梁国福。

火灾现场易燃液体残留物实验室提取方法 第1部分:溶剂提取法

1 范围

GB/T 24572的本部分规定了提取火灾现场易燃液体残留物的原理与特性、试剂、材料与设备及试验步骤。

本部分适用于火灾现场常见易燃液体残留物的提取。

2 规范性引用文件

下列文件中的条款通过GB/T 24572的本部分的引用而成为本部分的条款。凡是注日期的引用文件,其随后所有的修改单(不包括勘误的内容)或修订版均不适用于本部分,然而,鼓励根据本部分达成协议的各方研究是否可使用这些文件的最新版本。凡是不注日期的引用文件,其最新版本适用于本部分。

GB/T 18294(所有部分) 火灾技术鉴定方法

GB/T 20162 火灾技术鉴定物证提取方法

3 术语和定义

GB/T 18294(所有部分)和GB/T 20162确立的以及下列术语和定义适用于本部分。

3.1

溶剂提取 solvent extraction

用有机溶剂对火灾现场中的易燃液体残留物进行提取。

4 原理与特性

4.1 原理

用溶剂浸泡或用脱脂棉蘸取溶剂擦拭检材,将检材中所含的易燃液体残留物成分有效地溶解出来,再经抽提、过滤、浓缩等步骤,得到仪器分析的待测试样。

4.2 特性

溶剂提取方法具有如下特性:

a) 能提取不少于1 μL的易燃液体残留物;

b) 适用于对表面光滑的检材的提取,如玻璃或玻璃容器的内部;

c) 适用于小检材的提取;

d) 不适用于沸点低于溶剂的易燃液体的提取;

e) 经本方法处理过的检材,不能再次提取;

f) 检材提取所需的时间短。

5 试剂、材料与设备

5.1 试剂

根据被测易燃液体残留物性质选定合适的试剂，主要包括苯、石油醚、乙醚、二硫化碳或正己烷等，推荐试剂纯度为色谱纯。

5.2 材料

5.2.1 滤纸或滤膜

选用定性滤纸和有机滤膜过滤。

5.2.2 容器

主要包括烧杯、广口瓶、不锈钢罐、抽滤瓶、密封试管和样品瓶等。

5.2.3 脱脂棉

推荐选用医用脱脂棉。

5.2.4 浓缩用气体

压缩干燥氮气、空气或惰性气体。

5.3 设备

5.3.1 加热设备

可选用水浴或加热套等设备加热。

5.3.2 其他设备

主要包括抽滤用真空隔膜泵、浓缩试样时使用的排风设备等。

6 试验步骤

6.1 空白检验

对所选用的溶剂在使用前先在分析仪器上做空白检验，以确定所用溶剂是否对被测试样有干扰。

6.2 盛装

可选用烧杯、广口瓶或不锈钢罐等容器盛装检材，推荐使用比检材体积大两倍的容器。

6.3 提取

主要有以下四种方式：

a） 浸泡：多数检材可以采用溶剂浸泡，溶剂用量以浸没检材为宜，时间不短于 5 min；

b） 擦拭：对固体表面附着的烟尘检材，建议用浸有溶剂的脱脂棉反复擦拭；

c） 冲洗：光滑表面的检材推荐采用溶剂冲洗；

d） 萃取：对液体类检材推荐使用萃取方式。

6.4 过滤

多数检材可以采用玻璃漏斗加定性滤纸过滤，含非常细小颗粒的检材推荐使用有机滤膜过滤，对泥土、碎石类容易吸附溶剂的检材，推荐使用布氏漏斗进行抽滤。

6.5 浓缩

主要采用以下三种浓缩方式将滤液浓缩至约 1 mL：

a） 加热蒸发：体积量较大的滤液推荐使用缓慢加热蒸发方式，推荐加热温度控制在 60 ℃以下；

b） 自然挥发：体积量少或含低沸点易燃液体残留物的滤液推荐采用在空气中自然挥发方式；

c） 气体吹扫：对于体积量大，又含低沸点易燃液体残留物中的滤液，推荐采用气体吹扫方式，通过控制气体流速对滤液进行吹扫，保留低沸点组分，缩短浓缩时间。

6.6 密封

将 6.5 浓缩得到的液体试样置于试管或样品瓶中进行密封。

6.7 检测

用本方法提取后得到的试样按照 GB/T 18294 进行检测。

ICS 13.220.01
C 82

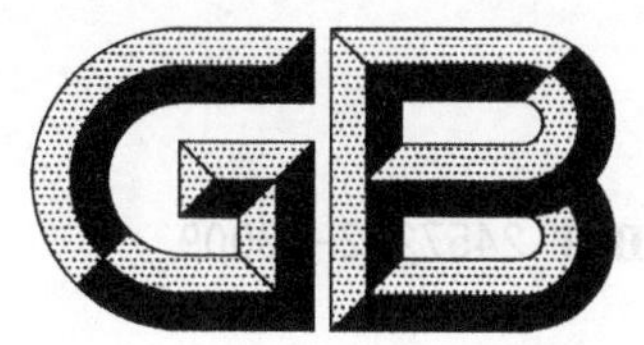

中华人民共和国国家标准

GB/T 24572.2—2009

火灾现场易燃液体残留物实验室提取方法 第2部分：直接顶空进样法

**Standard practice for separation and concentration of ignitable liquid residues from fire debris samples—
Part 2: Direct headspace vapors sampling**

2009-10-30 发布　　2010-04-01 实施

中华人民共和国国家质量监督检验检疫总局
中国国家标准化管理委员会　发布

前　言

GB/T 24572《火灾现场易燃液体残留物实验室提取方法》分为5个部分：

——第1部分：溶剂提取法；

——第2部分：直接顶空进样法；

——第3部分：活性炭吸附法；

——第4部分：固相微萃取法；

——第5部分：吹扫捕集法。

本部分为GB/T 24572的第2部分。

本部分由中华人民共和国公安部提出。

本部分由全国消防标准化技术委员会第十一分技术委员会(SAC/TC 113/SC 11)归口。

本部分起草单位：公安部天津消防研究所。

本部分主要起草人：梁国福、鲁志宝、郑巍、邓震宇、田柱花、范子琳。

火灾现场易燃液体残留物实验室提取方法 第2部分:直接顶空进样法

1 范围

GB/T 24572的本部分规定了火灾现场易燃液体残留物提取的原理与特性、设备与器材及试验步骤。

本部分适用于实验室提取汽油、煤油、柴油、油漆稀释剂及酒精等火灾现场常见易燃液体残留物。

2 规范性引用文件

下列文件中的条款通过GB/T 24572的本部分的引用而成为本部分的条款。凡是注日期的引用文件,其随后所有的修改单(不包括勘误的内容)或修订版均不适用于本部分,然而,鼓励根据本部分达成协议的各方研究是否可使用这些文件的最新版本。凡是不注日期的引用文件,其最新版本适用于本部分。

GB/T 18294(所有部分) 火灾技术鉴定方法

GB/T 20162 火灾技术鉴定物证提取方法

3 术语和定义

GB/T 18294(所有部分)和GB/T 20162确立的以及下列术语和定义适用于本部分。

3.1

密闭容器装置 sealed container

一套能盛装液体和固体检材并具有密封性的容器。

3.2

直接顶空进样 direct headspace vapors sampling

将检材放入密闭容器装置中,保持一定的温度让检材在汽-液相之间形成相间平衡,然后用注射器或自动进样器直接抽取上方气体组分进行仪器分析的方法。

4 原理与特性

4.1 原理

把检材放入到密闭容器装置中密封,对该密闭容器装置加热,使其中的易燃液体残留物成分得以挥发,然后抽取挥发后的气体组分用气相色谱(GC)或气相色谱-质谱(GC-MS)进行检测。

4.2 特性

顶空进样法具有如下特性:

a) 能提取的检材的数量取决于密闭容器装置的大小;

b) 适用于沸点低的易燃液体的提取,不适用于沸点较高的易燃液体的提取;

c) 当检材中同时含易挥发和不易挥发的组分时,由于易挥发的组分浓度高并产生较大的压力,会抑制不易挥发性组分的提取；

d) 经本方法处理过的检材，还可用溶剂提取法再次提取。

5 设备与器材

5.1 设备

带控温的烘箱、加热套、自动进样加热盘，温度设定范围宜为 40 ℃～150 ℃。

5.2 器材

5.2.1 密闭容器装置要可以耐一定的温度，并具有良好的气密性，同时密闭容器装置在加热温度范围内无干扰气体产生。

5.2.2 注射器要具有良好的密封性，容量宜选择 0.1 μL～10.0 μL。

6 试验步骤

6.1 盛装

检材数量较多时，可选用大容积的密闭容器；检材数量较少时，可选用小容积的样品瓶。

6.2 加热

6.2.1 使用自动进样装置加热盘加热时，可以将专用样品瓶直接在加热盘上加热，并设置自动升温程序。加热盘温度设置宜在 60 ℃～150 ℃范围，加热时间不低于 30 min；取样针的温度设置不低于加热盘设置温度；传输线温度不低于取样针的设置温度。

6.2.2 使用烘箱或加热套加热盛装密闭容器时，烘箱、加热套的温度设置宜在 60 ℃～150 ℃范围，加热时间不低于 30 min。

6.3 检测

6.3.1 使用自动加热进样装置时，该装置在设置程序下自动抽取试样蒸气并直接进行气相色谱(GC)、气相色谱/质谱(GC-MS)检测。

6.3.2 使用烘箱或者加热套时，要用注射器抽取试样蒸气，然后再注入气相色谱(GC)、气相色谱/质谱(GC-MS)的进样口中进行检测。

ICS 13.220.01
C 82

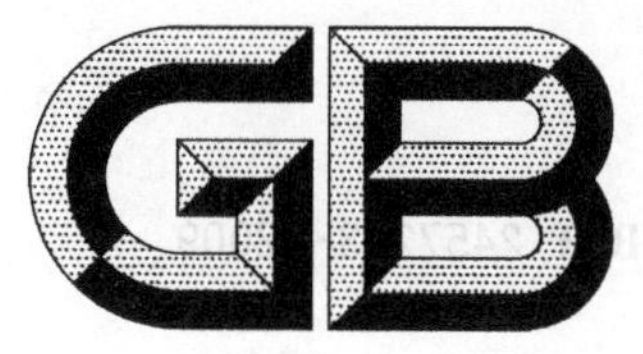

中华人民共和国国家标准

GB/T 24572.3—2009

火灾现场易燃液体残留物实验室提取方法 第3部分:活性炭吸附法

Standard practice for separation and concentration of ignitable liquid residues from fire debris samples—Part 3: Activated charcoal absorption

2009-10-30 发布 2010-04-01 实施

中华人民共和国国家质量监督检验检疫总局
中国国家标准化管理委员会 发布

前言

GB/T 24572《火灾现场易燃液体残留物实验室提取方法》分为5个部分：

——第1部分：溶剂提取法；

——第2部分：直接顶空进样法；

——第3部分：活性炭吸附法；

——第4部分：固相微萃取法；

——第5部分：吹扫捕集法。

本部分为GB/T 24572的第3部分。

本部分由中华人民共和国公安部提出。

本部分由全国消防标准化技术委员会火灾调查分技术委员会(SAC/TC 113/SC 11)归口。

本部分起草单位：公安部天津消防研究所。

本部分主要起草人：邓震宇、鲁志宝、耿惠民、田桂花、梁国福、范子琳。

火灾现场易燃液体残留物实验室提取方法
第3部分:活性炭吸附法

1 范围

GB/T 24572的本部分规定了活性炭炭片或活性炭纤维吸附方法提取火灾现场中常见易燃液体残留物的原理与特性、试剂、材料与设备和试验步骤。

本部分适用于实验室提取汽油、煤油、柴油和油漆稀释剂等火灾现场常见易燃液体残留物。

2 规范性引用文件

下列文件中的条款通过GB/T 24572的本部分的引用而成为本部分的条款。凡是注日期的引用文件,其随后所有的修改单(不包括勘误的内容)或修订版均不适用于本部分,然而,鼓励根据本部分达成协议的各方研究是否可使用这些文件的最新版本。凡是不注日期的引用文件,其最新版本适用于本部分。

GB/T 18294(所有部分) 火灾技术鉴定方法

GB/T 20162 火灾技术鉴定物证提取方法

3 术语和定义

GB/T 18294(所有部分)和GB/T 20162确立的以及下列术语和定义适用于本部分。

3.1

静态顶空富集 passive headspace concentration

把吸附剂置于检材的顶部空间,吸附、富集易燃液体挥发物的方法。

3.2

活性炭片 activated charcoal strip

以椰子壳为最常用的原料制成的,经过高温活化了的片状活性炭吸附材料。

3.3

活性炭纤维 activated charcoal fibre

以炭纤维为原料经高温碳化、活化后形成的高效吸附纤维材料。

4 原理与特性

4.1 原理

把检材放入密闭容器中,并将该容器加热,使其中的易燃液体残留物成分得以挥发到容器顶部空间后,被活性炭片或活性炭纤维静态顶空富集,然后再将活性炭炭片或活性炭纤维取出后用脱附溶剂进行脱附,得到可检验的试样。

4.2 特性

活性炭吸附法具有如下特性:

——不适合于机油等高沸点物质的提取；
——不破坏检材的外观形态；
——能提取的检材的体积大；
——经本方法处理过的检材，还可用溶剂提取法再次提取。

5 试剂、材料与设备

5.1 脱附溶剂

色谱纯的二硫化碳、石油醚、正己烷、乙醚等溶剂。

5.2 活性炭片和活性炭纤维

活性炭片和活性炭纤维的尺寸宜为 2 cm×2 cm 或 1 cm×1 cm。

5.3 加热设备

带控温的烘箱或其他加热装置。加热设备的温度设定范围宜为 40 ℃～150 ℃。

5.4 容器

具有良好气密性的容器，推荐使用金属材质。

6 试验步骤

6.1 空白检验

在对检材进行提取前，要用活性炭片或活性炭纤维对容器进行空白检验。

6.2 检材盛装

打开检材的外包装，将检材放入容器内，检材的体积不应超过容器容积的 2/3。

6.3 放置吸附剂

将活性炭片或活性炭纤维悬挂于容器上部空间，然后将容器密封。

6.4 吸附

6.4.1 吸附温度

推荐吸附温度设在 80 ℃左右。

6.4.2 吸附时间

吸附时间推荐为 3 h～5 h，对沸点高的化合物或易燃液体含量极少的检材进行吸附时，时间还可更长一些。

6.5 脱附

取出活性炭片或活性炭纤维，将其放入小试管内，并用 1 mL 脱附溶剂对其进行脱附。

6.6 密封

用密封性好的小玻璃瓶等容器来收集或存贮洗脱附后得到的试样。当使用二硫化碳作为洗脱溶剂时，可在小玻璃瓶中加少量水来密封溶剂，以减少挥发损失。

6.7 检测

经本方法提取后得到的试样按照 GB/T 18294(所有部分)中的方法进行检测。

ICS 13.220.01
C 82

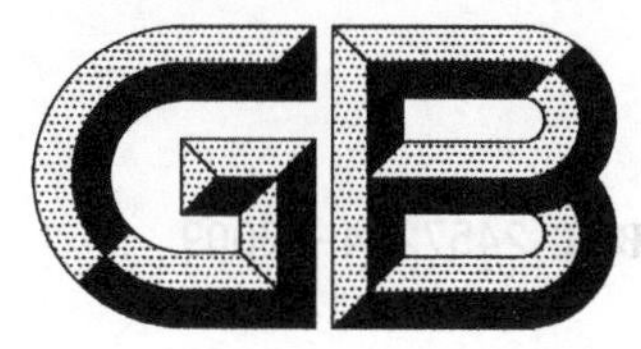

中华人民共和国国家标准

GB/T 24572.4—2009

火灾现场易燃液体残留物实验室提取方法 第4部分:固相微萃取法

Standard practice for separation and concentration of ignitable liquid residues from fire debris samples—Part 4:Solid phase microextraction(SPME)

2009-10-30 发布　　2010-04-01 实施

中华人民共和国国家质量监督检验检疫总局
中国国家标准化管理委员会　发布

前　言

GB/T 24572《火灾现场易燃液体残留物实验室提取方法》分为 5 个部分：

——第 1 部分：溶剂提取法；

——第 2 部分：直接顶空进样法；

——第 3 部分：活性炭吸附法；

——第 4 部分：固相微萃取法；

——第 5 部分：吹扫捕集法。

本部分为 GB/T 24572 的第 4 部分。

本部分由中华人民共和国公安部提出。

本部分由全国消防标准化技术委员会火灾调查分技术委员会(SAC/TC 113/SC 11)归口。

本部分起草单位：公安部天津消防研究所。

本部分主要起草人：邓震宇、鲁志宝、耿惠民、田桂花、梁国福、范子琳。

火灾现场易燃液体残留物实验室提取方法
第4部分：固相微萃取法

1 范围

GB/T 24572的本部分规定了火灾现场易燃液体残留物的固相微萃取法的原理与特性、设备和器材以及试验步骤。

本部分适用于实验室提取汽油、煤油、柴油、油漆稀释剂和乙醇等火场常见易燃液体残留物。

2 规范性引用文件

下列文件中的条款通过GB/T 24572的本部分的引用而成为本部分的条款。凡是注日期的引用文件，其随后所有的修改单(不包括勘误的内容)或修订版均不适用于本部分，然而，鼓励根据本部分达成协议的各方研究是否可使用这些文件的最新版本。凡是不注日期的引用文件，其最新版本适用于本部分。

GB/T 18294(所有部分)　火灾技术鉴定方法

GB/T 20162　火灾技术鉴定物证提取方法

3 术语和定义

GB/T 18294(所有部分)和GB/T 20162确立的以及下列术语和定义适用于本部分。

3.1

固相微萃取法　solid phase microextraction;SPME

用固相微萃取装置在检材中或在检材上部空间中萃取出分析物质成分的方法。

4 原理与特性

4.1 原理

将检材放进密闭的容器中，并将固相微萃取装置内涂有固定相的纤维头伸入密闭的容器顶部空间中。检材内可能的易燃液体残留物成分在一定温度下会挥发出来并充入容器顶部空间内，并被该处的纤维头所吸附。在经过一定时间的吸附后，把该纤维头插入气相色谱(GC)或气相色谱-质谱(GC-MS)进样口中进行热解吸，解析出的成分通过气相色谱(GC)或气相色谱-质谱(GC-MS)进行检测。

4.2 特性

固相微萃取法特性如下：

a) 不适用于提取机油等高沸点物质；

b) 不破坏检材的外观形态，可从检材中提取微量易燃液体残留物并且可反复进行提取；

c) 适用于从含水的检材中提取易燃液体残留物；

d) 经本方法处理过的检材，密封保存后还可用溶剂法再次提取。

5 设备和器材

5.1 加热装置

带控温的烘箱或其他加热装置。加热装置内体积要足够大，以保证可以同时放置多个检材盛装容器。加热设备的温度设定范围宜为 40 ℃～150 ℃。

5.2 SPME 装置

SPME 装置由手柄和萃取头两部分构成。

5.2.1 手柄

气相色谱配套的专用手动进样手柄。

5.2.2 萃取头

可选择 100 μm 聚二甲基硅氧烷(PDMS)、85 μm 聚丙烯酸酯(PA)、65 μm 聚二甲基硅氧烷/二乙烯基苯(PDMS/DVB)和其他符合要求的萃取头。汽油、煤油、柴油和油漆稀释剂等常见易燃液体残留物推荐采用 100 μmPDMS 萃取头；酒精等极性易燃液体残留物推荐采用 85 μmPA 或 65 μmPDMS/DVB 萃取头。

5.2.3 容器

选择可密闭性的容器。容器的容积大小根据检材大小来确定，并在容器上部安装密封橡胶垫来便于插入 SPME 萃取头。对于柔软和没有棱角的检材，也可选用可密封的塑料物证袋进行检材的盛装。

6 试验步骤

6.1 空白检验

把 SPME 萃取头放入 GC、GC-MS 进样口中进行解吸和检测，以确定萃取头干净无干扰。

6.2 盛装

把检材放入容器内并密封。检材的体积不应超过容器容积的 2/3。

6.3 加热

将容器放入烘箱或其他加热装置中进行加热，加热温度宜为 80 ℃，平衡时间一般为 20 min～30 min。当检材体积较大时，可延长平衡时间。

6.4 萃取

把 SPME 装置的萃取头插入容器内的上部空间进行萃取，但要保证伸出的纤维不要接触到检材，以免损坏纤维。萃取时间通常为 5 min～15 min。

6.5 检测

经本方法提取后得到的试样按照 GB/T 18294(所有部分)中的方法进行 GC、GC-MS 检测。GC 进样口温度应为 200 ℃～260 ℃，解吸时间应为 1.5 min～4 min。

ICS 13.220.01
C 82

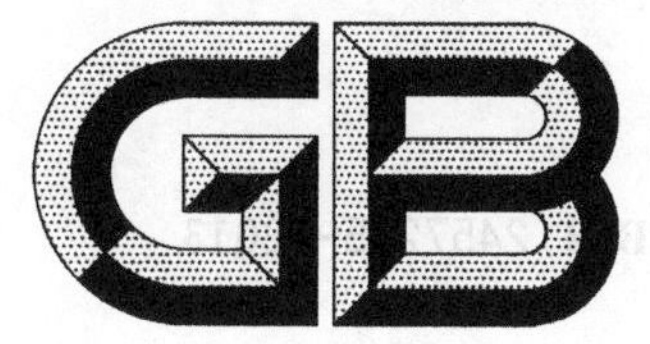

中华人民共和国国家标准

GB/T 24572.5—2013

火灾现场易燃液体残留物实验室提取方法 第5部分：吹扫捕集法

Standard practice for separation and concentration of ignitable liquid residues from fire debris samples—Part 5：Purge and trap concentration

2013-12-17 发布 2014-05-01 实施

中华人民共和国国家质量监督检验检疫总局
中国国家标准化管理委员会 发布

前 言

GB/T 24572《火灾现场易燃液体残留物实验室提取方法》分为以下部分：

——第 1 部分：溶剂提取法；

——第 2 部分：直接顶空进样法；

——第 3 部分：活性炭吸附法；

——第 4 部分：固相微萃取法；

——第 5 部分：吹扫捕集法。

本部分为 GB/T 24572 的第 5 部分。

本部分按照 GB/T 1.1—2009 给出的规则起草。

本部分由中华人民共和国公安部提出。

本部分由全国消防标准化技术委员会火灾调查分技术委员会(SAC/TC 113/SC 11)归口。

本部分负责起草单位：公安部天津消防研究所。

本部分参加起草单位：辽宁省公安消防总队、黑龙江省公安消防总队、天津市公安消防总队。

本部分主要起草人：邓震宇、刘振刚、田桂花、范子琳、梁国福、孙国风、刘宏伟、李剑、陈克、王鑫。

本部分为首次发布。

火灾现场易燃液体残留物实验室提取方法 第5部分:吹扫捕集法

1 范围

GB/T 24572 的本部分规定了实验室采用吹扫捕集法提取火灾现场中常见易燃液体残留物的术语和定义、原理与特性、材料与设备以及试验步骤。

本部分适用于实验室对火灾现场的汽油、煤油、柴油和油漆稀释剂等常见易燃液体残留物的提取。

2 规范性引用文件

下列文件对于本文件的应用是必不可少的。凡是注日期的引用文件,仅注日期的版本适用于本文件。凡是不注日期的引用文件,其最新版本(包括所有的修改单)适用于本文件。

GB/T 18294.3　火灾技术鉴定方法　第3部分:气相色谱法

GB/T 18294.5　火灾技术鉴定方法　第5部分:气相色谱-质谱法

3 术语和定义

3.1

吹扫捕集法　purge and trap concentration

一种用惰性气体持续吹扫待分析的检材,将挥发性有机物质成分吹扫带出并吸附收集于捕集阱中,加热捕集阱使这些成分脱附并传输至气相色谱仪或气相色谱/质谱仪进行检测的易燃液体残留物实验室提取方法。

3.2

捕集阱　trap

装有吸附剂用于捕集易燃液体残留物成分的装置。

4 原理与特性

4.1 原理

用高纯氮气等惰性气体以一定的流量持续吹扫检材,吹出的易燃液体残留物成分被吸附在捕集阱中。将捕集阱快速加热,使易燃液体残留物成分脱附,并以高纯氮气反吹进入气相色谱仪或气相色谱-质谱仪进行检测。

4.2 特性

吹扫捕集法具有如下特性:

——不破坏检材的外观形态;

——适合对体积大的检材进行提取;

——适合对易燃液体残留物成分含量低的检材进行提取;

——不适合机油等高沸点物质的提取。

5 材料与设备

5.1 吹扫气体

高纯氮气，纯度大于等于99.999%。

5.2 检材提取器

可与吹扫捕集仪相连接，具备控温功能的盛放检材的封闭容器。吹扫气体通过检材提取器可实现对检材中易燃液体残留物成分的吹扫提取。吹扫气体进气口位于容器下端，出气口位于容器上端。温度设定范围为25 ℃～100 ℃。体积宜为2 L～5 L。

5.3 吹扫捕集仪

吹扫捕集仪配备捕集阱、除水系统与六通阀，一端与检材提取器相连接，另一端与气相色谱或气相色谱-质谱仪进样口相连接。吹扫气体将检材提取器内易燃液休残留物成分携带出来，被吹扫捕集仪内部的捕集阱吸附，加热捕集阱使吸附的成分脱附，并通过六通阀进入气相色谱仪或气相色谱-质谱仪。

捕集阱温度设定范围为25 ℃～300 ℃，其吸附剂为Tenax、活性炭等。

除水系统用于除去吹扫气体携带的水分，避免气相色谱仪或气相色谱-质谱仪受到损坏。

5.4 气体管路系统

用于连接检材提取器、吹扫捕集仪及气相色谱仪或气相色谱-质谱仪的气体管路以及附件。

6 试验步骤

6.1 活化

Tenax捕集阱在250 ℃温度下用100 mL/min氮气吹扫30 min进行活化。若使用其他吸附剂，应按照制造商推荐程序进行活化。活化时将捕集阱流出气体放空，避免进入色谱柱内。活化结束后将捕集阱冷却至室温。

6.2 吹扫及吸附

将检材快速放入检材提取器内，避免长时间暴露于环境中，检材体积应不超过提取器容积的三分之二。检材提取器温度设定为60 ℃，保持1.5 min后，以10 mL/min的流速吹扫60 min，吹扫出的易燃液体残留物成分被吹扫气体携带经检材提取器上端出气口流出，进入吹扫捕集仪内部的捕集阱并被吸附。

6.3 热脱附

打开六通阀，将捕集阱与气相色谱仪或气相色谱-质谱仪进样管路相连接，按下面推荐条件进行热脱附，使易燃液体残留物成分进入色谱柱。

——脱附温度/时间：180 ℃/10 min；

——传输线温度：110 ℃；

——六通阀温度：110 ℃；

——载气压力:150 kPa。

从吹扫捕集仪热脱附出来的易燃液体残留物成分按照 GB/T 18294.3 规定的方法进行气相色谱检测或者按照 GB/T 18294.5 规定的方法进行气相色谱-质谱检测。

ICS 13.220.20
C 82

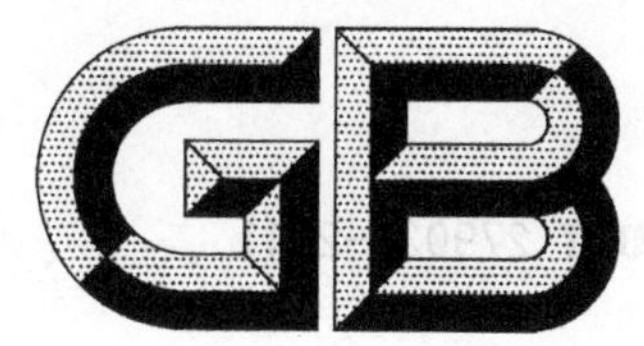

中华人民共和国国家标准

GB/T 27902—2011

电气火灾模拟试验技术规程

Technical rules for electrical fire simulation experiment

2011-12-30 发布　　2012-06-01 实施

中华人民共和国国家质量监督检验检疫总局
中国国家标准化管理委员会　发布

前　言

本标准按照 GB/T 1.1—2009 给出的规则起草。

本标准由中华人民共和国公安部提出。

本标准由全国消防标准化技术委员会火灾调查分技术委员会(SAC/TC 113/SC 11)归口。

本标准起草单位:公安部沈阳消防研究所、北京市公安消防总队、上海市公安消防总队。

本标准主要起草人:王连铁、高伟、李建林、谢福根、王新明、赵长征、张颖。

电气火灾模拟试验技术规程

1 范围

本标准规定了电气火灾模拟试验的分类、试验条件、仪器设备、试验方法和试验报告等内容。

本标准适用于实验室内进行的工频 50 Hz、交流 380 V 及以下、直流 110 V 及以下电气火灾的模拟试验。

2 术语和定义

下列术语和定义适用于本文件。

2.1

模拟试验 simulation experiment

通过模拟起火时的环境条件、被怀疑的引火源及其附近可燃物状况而进行试验，验证被怀疑的引火源引起火灾的可能性。

2.2

局部过热 local overheat

由于接触不良或过负荷引起线路中接触部位产生局部高温的现象。

3 试验分类

根据电气火灾成因不同，电气火灾模拟试验可分为五类：

——短路引燃试验；

——过载引燃试验；

——局部过热引燃试验；

——火花放电引燃试验；

——设备烤燃试验。

4 试验

4.1 试验设备

模拟试验装置主要由大空间实体火灾试验室、试验箱（含空调系统）、监控台（监控系统）、电源（交流电源和直流电源）系统和负载部分组成，参见附录 A。

4.2 试验次数

试验次数不少于 5 次，特殊情况下由委托单位同试验单位协商确定。

4.3 试验样品

4.3.1 进行现场模拟试验时，优先采用与被怀疑对象相同型号的、同一厂家生产、同期安装使用的、取自火灾现场中未被破坏的物品。

4.3.2 若不能满足上述条件，则试样至少应是与被怀疑对象相同型号、规格、同一厂家生产的物品。

4.3.3 当产品厂家无法查清时，则试样至少应是与被怀疑对象相同型号、规格的物品。

4.3.4 对电线电缆试样进行绝缘电阻测试后，两芯电线及两芯以上电缆按每根长度 1.0 m，取 5 根；单芯电线电缆按每根 1.0 m，取 10 根。

4.3.5 对小型电气设备或大中型电气设备的零部件试样，进行绝缘电阻测试后准备 5 件。

4.3.6 对大中型电气设备，数量由委托单位与试验单位协商确定。

4.4 试验方法

4.4.1 试验时间

4.4.1.1 试验不超过 72 h，或由委托单位与试验单位协商确定。

4.4.1.2 当电路控制设备实现断路动作后，即可结束试验。

4.4.1.3 短路试验的通电时间不超过 3 s。

4.4.1.4 当试验进行到可燃物被引燃时，即可结束，也可持续 1 min～3 min，进一步观察试验现象。

4.4.2 试验准备

4.4.2.1 根据试验要求确定使用大空间实体火灾试验室或试验箱。

4.4.2.2 根据委托单位提供的起火部位电气设备或线路故障点到电源变压器的电线(电缆)长度、线芯截面积和材质，电源变压器的输出阻抗，计算总阻抗，用附加阻抗器模拟接线。

4.4.2.3 根据委托单位提供的火场中线路故障点以下的总负载，用试验负载装置进行模拟接线并接入试验电路。

4.4.2.4 根据试验需要，完成配电屏经附加阻抗器到试验箱试验电路的接线。

4.4.3 试验步骤

4.4.3.1 将试样放在大空间实体火灾试验室内或试验箱内的试验台上，接入试验电路并检查接线确保正确。

注：为安全起见，搭建试验线路时，请先确认电源已关闭。

4.4.3.2 模拟火灾前的原始状况，在试样的相应位置布置可燃物。

4.4.3.3 关闭试验箱的门和进、排气孔。

4.4.3.4 按设定的环境温度、相对湿度和风速对试验箱内的试验空间进行起火前火场气候环境条件的模拟。

4.4.3.5 当模拟的气候环境条件达到设定值并稳定 30 min 之后，进行模拟试验。

4.4.3.6 短路引燃试验应按下列步骤进行：

a） 分别将试验样品(2 根导线)的一端接到电源正负极上，另一端用铁架台固定，使两根导线之间保持 1 cm 的距离，并悬空；

b） 接通电源，并使悬空的正负极接触，试验时间应符合 4.4.1 的规定。

4.4.3.7 过载引燃试验应按下列步骤进行：

a） 将试验样品的正负极分别接入试验电路；

b） 接通电源即开始试验。

4.4.3.8 局部过热引燃试验应符合 4.4.3.7 的要求。

4.4.3.9 火花放电引燃试验应符合 4.4.3.7 的要求。

4.4.3.10 设备烤燃试验应符合 4.4.3.7 的要求。

4.4.3.11 随时观察试验现象和试验结果，并做记录。

4.4.3.12 试验结束后，可以打开进气孔和排气孔进行排烟。

5 试验结果

试验结果及判定结论应按表1规定处理。

表1 试验结果及判定

试验现象	判定结论
5次试验至少有一次引起可燃物燃烧(含阴燃)	能引起可燃物燃烧
5次试验均未引起可燃物燃烧,但至少有一次可燃物被电弧或电火花损伤,或者可燃物碳化、冒烟、烧焦、熔融	能引起可燃物"损伤""碳化""冒烟""烧焦""熔融"
5次试验可燃物无异常变化	可燃物无异常变化

6 试验报告

试验报告应包括以下内容:

——委托单位名称;

——试样生产单位、名称、型号及试样说明;

——火灾的环境条件(起火时的环境温度、相对湿度、风速、电源电压及起火点附近可燃物情况);

——试验条件(试验箱内应模拟和实际达到的环境温度、相对湿度、风速、电源电压及可燃物状况);

——试样交接时间和试验时间;

——试验结论及试验照片;

——试验单位及技术负责人。

附 录 A
（资料性附录）
电气火灾模拟试验用仪器设备

电气火灾模拟试验用仪器设备见表A.1。

表A.1 试验用仪器设备表

序号	名称	技术指标
1	电压表	交直流两用，量限为0 V～600 V，精度为0.5级，用以监测试验电压
2	电流表	交直流两用，量限为交流0 A～600 A，精度为1级，用以监测试验电流
3	兆欧表	1 000 V级兆欧表，测量范围0 MΩ～2 000 MΩ，精度为1级，用以对试样进行绝缘电阻测量
4	计时器	数字显示或指针式。精度为0.1 s，用以记录试验开始和持续时间
5	温度自动巡检仪	温度自动显示记录仪，测温范围0 ℃～1 500 ℃，精度为1级，用以测量、显示和记录试样表面处的温度
6	红外热像仪	测温范围0 ℃～1 500 ℃，精度为1级，用以测量、显示和记录试样表面处的温度
7	录音、照相和摄像设备	录音笔的录音时间不低于5 h；照相机的像素不低于600万；摄像机的像素不低于1 920 px×1 080 px
8	直流电源	0 V～110 V，偏差范围±2%
9	三相交流电源	0 V～380 V，偏差范围±2%
10	单相交流电源	0 V～220 V，偏差范围±2%
11	监控台（监控系统）	监控台上应安装操作按钮和状态指示灯，通过微机对试验的过程进行自动监控，对试验电压、试验电流、试验箱内的温度、相对湿度等数据进行显示和采集，对试验现象进行录音、录像和拍照
12	试验箱	在试验箱内应能引入试验所需要的电源； 温度：−10 ℃～+45 ℃，偏差范围±2 ℃； 相对湿度：40%～90%，偏差范围±3%； 风速：0 m/s～3.0 m/s，偏差范围±10%
13	试验负载	能等效模拟火场的电阻、电容
14	大空间实体火灾试验室	面积不小于100 m^2，高度不低于10 m

ICS 13.220.20
C 82

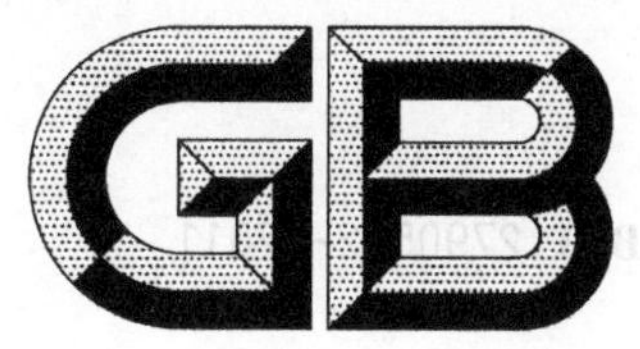

中华人民共和国国家标准

GB/T 27905.2—2011

火灾物证痕迹检查方法 第2部分：普通平板玻璃

Inspection methods for trace and physical evidences from fire scene—Part 2: Sheet glass

2011-12-30 发布

2012-06-01 实施

中华人民共和国国家质量监督检验检疫总局
中国国家标准化管理委员会 发布

前　言

GB/T 27905《火灾物证痕迹检查方法》分为五个部分：

——第1部分：物证分类及编码；

——第2部分：普通平板玻璃；

——第3部分：黑色金属制品；

——第4部分：电气线路；

——第5部分：小功率异步电动机。

本部分为GB/T 27905的第2部分。

本部分按照GB/T 1.1—2009给出的规则起草。

本部分由中华人民共和国公安部提出。

本部分由全国消防标准化技术委员会火灾调查分技术委员会(SAC/TC 113/SC 11)归口。

本部分起草单位：公安部沈阳消防研究所、广西壮族自治区公安消防总队、辽宁省公安消防总队。

本部分主要起草人：张明、邸曼、林松、薛纯山、赵长征、齐梓博、高伟、张颖。

本部分为首次发布。

火灾物证痕迹检查方法
第2部分:普通平板玻璃

1 范围

GB/T 27905的本部分规定了普通平板玻璃火灾物证痕迹检查方法的术语和定义、器材、样品提取和观察、痕迹特征、玻璃破坏痕迹的证明作用。

本部分适用于普通平板玻璃的实验室检查。

2 术语和定义

下列术语和定义适用于本文件。

2.1

玻璃破坏痕迹 traces of glass damage

玻璃在火灾高温或外力作用下,形态发生变化而形成的痕迹,包括受热变形痕迹、受热炸裂痕迹和外力破坏痕迹。

2.2

玻璃受热变形痕迹 deformation trace of glass by thermal impact

玻璃在火灾高温作用下,形成的软化、变形、熔融、流淌等发生形状变化的痕迹。

2.3

玻璃受热炸裂痕迹 cracking trace of glass by thermal impact

玻璃在火灾高温作用下,因各部位受热不均匀产生热应力而形成炸裂的痕迹。

2.4

玻璃外力破坏痕迹 breaking trace of glass by mechanical impact

玻璃在外力冲击下形成的破裂痕迹。

3 器材

3.1 清理工具

铲子、钩子、锤子、筛子、毛刷等。

3.2 拍摄设备

照相机、摄像机等。

3.3 夹取工具

镊子、钳子等。

3.4 观察设备

放大镜、体式显微镜、视频显微镜等。

3.5 包装器材和材料

可封口采样袋、纸袋、标签纸等。

4 样品提取和观察

4.1 在火灾现场残留物底层寻找玻璃碎片，用拍摄设备记录其原始位置、状态，对其提取部位做出标记。

4.2 用镊子等夹取工具提取发现的玻璃物证。

4.3 用放大镜、体式显微镜等观察设备对所提取的玻璃碎片表面及边缘进行观察，并用拍摄设备进行拍照固定；必要时，应使用视频显微镜等观察设备进行观察。

4.4 用采样袋等将玻璃物证封装。

5 痕迹特征

5.1 玻璃受热变形痕迹具备如下特征：

——表面光滑发亮、卷曲，凸凹不平；

——边缘圆滑，无锐角、利刃；

——完全失去原来形状，呈不规则瘤状、球状、条状等流淌形态，有多层粘接。

5.2 玻璃受热炸裂痕迹具备如下特征：

——平面有裂纹形态，裂纹从固定边框的边角开始形成，呈树枝状或相互交联呈龟背纹状；

——碎块无固定形状，表面平直、边缘均匀或直角锐利，有的边缘呈圆形状、曲度大，用手触摸易划割。

5.3 玻璃外力破坏痕迹具备如下特征：

——裂纹呈辐射状，碎块呈尖刀形、锐利、边缘整齐平直；

——断面呈以受力点为中心的放射(辐射)状，弓形线汇集的一面是受力面；

——断面棱边有齿状碎痕，有细小的齿状碎痕为背力面，没有的是受力面；

——有同心圆状碎纹，圆心处为受力点。

6 玻璃破坏痕迹的证明作用

6.1 证明玻璃破坏的性质

观察提取的玻璃物证，通过鉴别玻璃破坏痕迹的形态特征，判定其变形、熔融、开裂、破碎的形成原因。

6.2 证明外力破坏时间

6.2.1 火灾前玻璃被打破

火灾前被打破的玻璃具备如下特征：

玻璃碎片大部分紧贴地面且贴地面侧均无烟熏痕迹，上面覆盖杂物余烬和灰尘。

6.2.2 起火后玻璃被打破

起火后被打破的玻璃具备如下特征：

a） 玻璃碎片一般在杂物和余烬的上面，贴地面侧有烟熏痕迹；

b） 断面比较清洁，或烟迹较少。

6.3 证明起火部位和火势蔓延方向

6.3.1 根据受热破坏程度判断

同种玻璃受热温度越高、作用时间越长，破坏变形程度越大。在同一火场中，一般顺序是无变化→炸裂→软化→融化流淌。在三种变形痕迹中，炸裂痕迹受热温度最低，融化流淌痕迹受热温度最高，其破坏程度与其受热温度由低到高的变化顺序相对应。因此，同等条件下起火部位往往在融化流淌痕迹附近。

6.3.2 根据受热面判断

火场中玻璃制品与火源的位置关系不同，其受热变形程度和部位也不同。距火源近、面向火源的一面热变形大，因此可通过玻璃制品变形面和未变形面，以及不同位置上玻璃制品的热变形量判定受热面，并根据受热面的一致性确定火势蔓延方向。

6.3.3 综合判断

利用玻璃破坏痕迹确定起火部位，应结合火灾现场其他痕迹物证综合分析认定。

ICS 13.220.20
C 82

中华人民共和国国家标准

GB/T 27905.3—2011

火灾物证痕迹检查方法 第3部分：黑色金属制品

Inspection methods for trace and physical evidences from fire scene—Part 3: Ferrous metalwork

2011-12-30 发布 2012-06-01 实施

中华人民共和国国家质量监督检验检疫总局
中国国家标准化管理委员会 发布

前　言

GB/T 27905《火灾物证痕迹检查方法》分为五个部分：

——第1部分：物证分类及编码；

——第2部分：普通平板玻璃；

——第3部分：黑色金属制品；

——第4部分：电气线路；

——第5部分：小功率异步电动机。

本部分为GB/T 27905的第3部分。

本部分按照GB/T 1.1—2009给出的规则起草。

本部分由中华人民共和国公安部提出。

本部分由全国消防标准化技术委员会火灾调查分技术委员会(SAC/TC 113/SC 11)归口。

本部分起草单位：公安部沈阳消防研究所、山西省公安消防总队。

本部分主要起草人：吴莹、高伟、王连铁、赵长征、邸曼、牛文义、夏大维、齐梓博、刘术军。

本部分为首次发布。

火灾物证痕迹检查方法
第3部分:黑色金属制品

1 范围

GB/T 27905 的本部分规定了黑色金属制品火灾物证痕迹检查方法的术语和定义、器材、检查步骤和痕迹特征。

本部分适用于黑色金属制品火灾物证痕迹的实验室检查。

2 术语和定义

下列术语和定义适用于本文件。

2.1

黑色金属制品 ferrous metalwork

由铁和铁合金制成的结构性金属制品、日用金属制品、金属工具、集装箱和包装容器。

2.2

变色痕迹 trace of color change

黑色金属制品在火灾高温作用下,表面形成的颜色变化痕迹。

2.3

熔化痕迹 melting trace

黑色金属制品在火灾高温影响下达到其熔点,发生熔融冷却后形成的痕迹。

3 器材

3.1 拆卸工具

螺丝刀、拉锯、扳手、锤子等。

3.2 切割工具

手锯、切割机等。

3.3 观察器材

放大镜(带照明,放大倍数4倍以上)、体视显微镜、视频显微镜等。

3.4 拍摄器材

照相机、摄像机等。

3.5 辅助器材

照明灯具、毛刷等。

4 检查步骤

4.1 在火灾现场寻找黑色金属的变色、熔化痕迹，必要时可使用拆卸工具、切割工具和辅助器材进行清理和查找。

4.2 用拍摄器材确定并记录痕迹原始位置、状态，做出标记，必要时可使用观察器材进行详细观察。

5 痕迹特征

5.1 变色痕迹

受热时间相同，随着受热温度的增加，黑色金属表面形成的颜色变化依次呈现原色、蓝色、深红色、白色等变化趋势。可根据黑色金属表面颜色的变化进行比对鉴别，判定受热温度的高低，确定起火部位和火势蔓延方向。黑色金属表面颜色变化与受热温度对应关系可参见表 1。

对带涂层的黑色金属制品，可根据表面涂层随受热温度升高依次发生变色、裂痕、起泡等变化趋势进行鉴别，判定受热温度的高低，确定起火部位和火势蔓延方向。带涂层黑色金属制品外观特征与受热温度对应关系可参见表 2。

表 1 黑色金属制品表面颜色变化与受热温度对应关系表

金属表面颜色	受热温度 ℃
深紫色	300
天蓝色	350
棕色	450
深红色	500
橙色	650
浅黄色	1 000
白色	1 200
注：材料为 Q345 钢板，加热时间为 30 min。	

表 2 带涂层黑色金属制品受热后外观特征

受热温度 ℃	表面颜色	产生裂纹或起泡	涂层剥落
<350	失去光泽，颜色变深	无	无
400	浅淡色	轻微	轻微
450	浅淡色	大量	轻微
600	浅淡色	大量	少量
700	浅淡色	大量	大量
>900	金属基体	—	—
注：涂层为聚酯树脂(PE)涂层，基材为热镀锌钢板，加热时间为 30 min。			

5.2 熔化痕迹

5.2.1 在同等燃烧条件下：

——同类金属：熔化处温度高，未熔化处温度低；

——不同金属：如果熔点低的金属未熔化，而熔点高的金属熔化，则熔点高的金属所在位置温度高。

可根据熔化的黑色金属位置确定起火点。

5.2.2 黑色金属受热温度达到熔点温度时开始熔化，温度继续升高作用时间增加时，熔化面积扩大，熔化程度变重。可通过黑色金属制品熔化程度的轻重，判定受热面，并根据受热面的一致性确定火势蔓延方向。

ICS 13.220.20
C 82

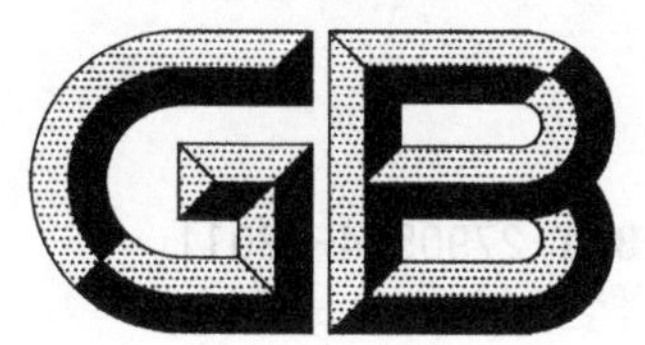

中华人民共和国国家标准

GB/T 27905.4—2011

火灾物证痕迹检查方法 第4部分：电气线路

Inspection methods for trace and physical evidences from fire scene—
Part 4: Electrical wire

2011-12-30 发布 2012-06-01 实施

中华人民共和国国家质量监督检验检疫总局
中国国家标准化管理委员会 发布

前 言

GB/T 27905《火灾物证痕迹检查方法》分为五个部分：

——第1部分：物证分类及编码；

——第2部分：普通平板玻璃；

——第3部分：黑色金属制品；

——第4部分：电气线路；

——第5部分：小功率异步电动机。

本部分为GB/T 27905的第4部分。

本部分按照GB/T 1.1—2009给出的规则起草。

本部分由中华人民共和国公安部提出。

本部分由全国消防标准化技术委员会火灾调查分技术委员会(SAC/TC 113/SC 11)归口。

本部分起草单位：公安部沈阳消防研究所、北京市公安消防总队。

本部分主要起草人：王新明、赵长征、李建林、徐放、高伟、孟庆山。

本部分为首次发布。

火灾物证痕迹检查方法
第4部分:电气线路

1 范围

GB/T 27905的本部分规定了电气线路火灾物证痕迹检查的器材、检查内容、检查记录、痕迹提取和痕迹鉴定时的要求。

本部分适用于电气线路火灾物证痕迹的检查。

2 规范性引用文件

下列文件对于本文件的应用是必不可少的。凡是注日期的引用文件,仅注日期的版本适用于本文件。凡是不注日期的引用文件,其最新版本(包括所有的修改单)适用于本文件。

GB/T 16840.1 电气火灾痕迹物证技术鉴定方法 第1部分:宏观法

GB 16840.2 电气火灾原因技术鉴定方法 第2部分:剩磁法

GB 16840.4 电气火灾原因技术鉴定方法 第4部分:金相法

GB/T 20162 火灾技术鉴定物证提取方法

3 器材

3.1 测量仪表

兆欧表、剩磁测试仪、万用表、验电笔、金属探测器等。

3.2 观察器材

放大镜、体视显微镜、视频显微镜、望远镜等。

3.3 拍摄设备

照相机、摄像机等。

3.4 辅助器材

超声波清洗机、电缆钳、毛刷等。

4 检查内容

4.1 输电线路

4.1.1 在起火区域内检查线路的整体烧损情况,确定烧损位置和数量。

4.1.2 熔断的电气线路区域按如下方式检查熔断处位置和数量:

——检查是单处熔断还是多处熔断,多处熔断须查清电源侧第一处断点到末端断点的数量;

——检查地面上的金属滴落、喷溅痕迹以及痕迹的分布区域;

——检查地面上有无金属器物或构件熔化的痕迹；

——检查有无带电线路受重力作用在地面上拖拉时形成的熔沟和线性凝结痕迹。

4.1.3 检查线路熔断处有无针状断点，如有针状断点应查清断点区域内未熔断线路的烧损状况。

4.1.4 对于未熔断的电气线路区域，应按如下方式检查熔痕位置和数量：

——检查线路有无烧损熔化，确定烧损位置、数量和范围；

——检查有烧损部位下方对应地面周围半径为 1.5 倍线高的范围内有无金属熔化滴落或喷溅痕迹；

——检查线路有无连接点，连接点部位的烧损状态，检查线路接触部位有无电流烧蚀或金属氧化、熔融痕迹。

4.1.5 检查线路各相之间对应部位有无金属熔融、凹坑等痕迹。

4.1.6 查看现场有无大型鸟类、爬行类动物尸体以及可能构成线路搭接的物品残骸。

4.1.7 调查起火当时的天气状况，包括风力、风向、雷暴、雾、雪等情况。

4.1.8 查看工程查收报告，调查线路安装年限、线杆弯曲度、线路档距、线距、线路弧垂、松弛度等。

4.1.9 检查绝缘套管、横担等器件，以及起火点处突出物（如树木、构筑物等）有无放电痕迹。

4.1.10 观察现场有无可燃物燃烧痕迹，确定烧损状态、痕迹特征、蔓延方向等与燃烧状态的对应关系。

4.1.11 检查避雷装置动作情况。

4.2 配电线路

4.2.1 高压配电线路

4.2.1.1 检查线路有无烧损状况，确定线路与附近燃烧物燃烧状态的对应关系。

4.2.1.2 检查线路绝缘炭化状况，线路绝缘、支撑绝缘有无击穿放电痕迹。

4.2.1.3 检查线路与金属的搭接部位有无短路击穿、金属熔融痕迹。

4.2.1.4 检查线路连接处有无熔融、迸溅、变色痕迹特征，确定熔融、喷溅痕迹分布状态。

4.2.1.5 检查线路有无局部熔化、滴落、击穿、出现孔洞等痕迹。

4.2.1.6 检查局部熔化或炭化区经过的地面上、沟槽侧壁上有无金属滴落或喷溅痕迹。

4.2.1.7 检查线路互相对应的位置上有无相间发生短路击穿痕迹。

4.2.1.8 对于无焊接加工的铁架等铁磁性物质承载的线路，测量铁架等铁磁性物质的尖端、局部突起部位的剩磁。

4.2.1.9 检查线路有无因漏电、断线而形成的对地短路放电痕迹，因雷电击穿而形成的多处放电痕迹。

4.2.1.10 查看电缆沟内有无老鼠等小动物的啮咬痕迹，有无小动物的尸体，有无硬质或尖状物勒、砍的痕迹。

4.2.2 高压变配电装置

4.2.2.1 检查高压变压器整个箱体、高压配电柜内壁和附近地面上有无金属迸溅和其他物体飞溅痕迹。

4.2.2.2 检查各装置进线端、出线端、与接线端子的连接部位有无金属烧蚀、氧化、熔融、变色等痕迹。

4.2.2.3 检查进出线路与高压变配电装置箱体有无接地短路痕迹。

4.2.2.4 检查变压器套管、绝缘子有无火花放电、破损、炸裂痕迹。

4.2.2.5 检查避雷装置动作情况。

4.2.3 高压变配电保护、补偿、监测装置

4.2.3.1 检查装置的整体烧损状态。

4.2.3.2 检查保护装置有无熔断、跳闸、跌落、炸裂等现象。

4.2.3.3 检查补偿、监测等装置有无烧损、炸裂等现象。

4.2.4 低压配电线路

按 4.2.1 的要求进行痕迹检查。

4.2.5 低压变压器

4.2.5.1 检查变压器的低压输出端子、保护、控制、监测等装置端子的连接部位有无电流烧蚀、氧化、熔融、变色痕迹。

4.2.5.2 检查变压器低压保护熔断器等保护装置是否有跳闸、熔断、炸裂等痕迹。

4.2.5.3 对低压变压器整个箱体、套管、绝缘子和附近地面应按 4.2.2.1、4.2.2.4 的要求进行检查。

4.2.5.4 对变压器出线端至配电柜(盘、屏)的输入端之间的线路应按 4.2.1 的要求进行检查。

4.2.6 低压配电柜(盘、屏)线路

4.2.6.1 在对配电柜(盘、屏)进行检查之前,应查明以下内容:

——电气控制图与控制程序;

——分立保护装置的置放位置,分立保护器与控制装置的功率;

——起火之前所带负载的运行状况,控制与保护电器的状态。

4.2.6.2 观察周围可燃物燃烧状态、痕迹特征和蔓延方向。

4.2.6.3 检查进出线与柜体有无接地短路痕迹。

4.2.6.4 检查接线端子制作工艺、额定电流指标是否符合规范要求,检查接线端子的连接状况,查看连接点有无松动、电流烧蚀、氧化、熔化等痕迹。

4.2.6.5 检查接线端子附近、柜内壁、地面上有无金属滴落和迸溅痕迹。

4.2.6.6 检查柜体表面有无击穿熔融,是否伴有金属流淌痕迹,有无线路之间搭接熔融痕迹。

4.2.6.7 检查中性线、接地线接线是否牢固,有无断线和熔化痕迹。

4.2.6.8 对柜体底座空间内应按 4.2.1.10 的要求进行检查。

4.3 用电设备供电线路

4.3.1 观察用电设备(如灯具类等发热设备)周围可燃物燃烧状态、痕迹特征和蔓延方向。

4.3.2 对用电设备供电线路进行痕迹检查前,主要查明起火部位的布线情况,然后按每个分立保护器、控制装置所保护和控制的回路顺序进行痕迹检查。

4.3.3 如果用电设备的供电线路经过电缆沟槽敷设,应按照 4.2.1 的要求进行检查。

4.3.4 供电线路如采用明敷方式,应按照相关标准检查线路规格、连接方式等是否规范。如果线路烧损严重无法恢复,则应该通过调查、询问等方式核实,并按照以下内容查找痕迹:

——查看绝缘层有无起鼓、松弛、炭化、烧损等情况;

——查找有无金属熔化点、凹坑、结疤、粘连处、断点;

——线路绑线和线路附近有无金属熔化痕迹;

——线路或接点处有无漏电、放电、熔融痕迹。

4.3.5 供电线路如采用穿管敷设方式,应仔细观察穿管的烧损、变色和熔融状态。采用沿管纵向剖开方法检查时,除按 4.3.4 的要求进行检查外,还应检查线路与穿管内壁有无粘连、管内壁有无金属迸溅痕迹。

4.3.6 供电线路如采用暗敷方式,应沿线路的走向,将遮蔽处拆开,检查有无 4.3.4 所描述的痕迹特征。

5 检查记录

对检查到的痕迹应及时记录、拍照，确定在现场的位置，并描述与电气控制以及分支回路的关系。

6 痕迹提取

除依据 GB/T 20162 的要求提取痕迹外，还应提取痕迹所在线路的绝缘层、接线端子和其他可疑痕迹，以便进一步分析。

7 痕迹鉴定

7.1 对痕迹的熔化性质可按 GB/T 16840.1 的要求进行鉴定。如果通过宏观判断法不能确定痕迹的熔化性质，应按 GB 16840.4 的要求进行鉴定。
7.2 对电气线路周围铁磁性物质剩磁的鉴定，应按 GB 16840.2 的要求进行。

8 注意事项

8.1 检查痕迹时应确定电气线路和设备的带电状态，以防触电。
8.2 检查痕迹时应注意保持痕迹的完整性，不应随意挪动和破坏。
8.3 对微小痕迹发现后应及时提取，妥善保存，防止丢失。

ICS 13.220.20
C 82

中华人民共和国国家标准

GB/T 27905.5—2011

火灾物证痕迹检查方法 第5部分:小功率异步电动机

Inspection methods for trace and physical evidences from fire scene—Part 5:Small power induction motor

2011-12-30 发布　　2012-06-01 实施

中华人民共和国国家质量监督检验检疫总局
中国国家标准化管理委员会 发布

前　言

GB/T 27905《火灾物证痕迹检查方法》分为五个部分：

——第1部分：物证分类及编码；

——第2部分：普通平板玻璃；

——第3部分：黑色金属制品；

——第4部分：电气线路；

——第5部分：小功率异步电动机。

本部分为GB/T 27905的第5部分。

本部分按照GB/T 1.1—2009给出的规则起草。

本部分由中华人民共和国公安部提出。

本部分由全国消防标准化技术委员会火灾调查分技术委员会(SAC/TC 113/SC 11)归口。

本部分起草单位：公安部沈阳消防研究所、上海市公安消防总队、山西省公安消防总队。

本部分主要起草人：齐梓博、高伟、谢福根、赵长征、牛文义、夏大维、邸曼、张明、刘筱璐。

本部分为首次发布。

火灾物证痕迹检查方法 第5部分:小功率异步电动机

1 范围

GB/T 27905 的本部分规定了小功率异步电动机(以下简称为电动机)火灾物证痕迹检查的术语和定义、器材,给出了电动机的检查步骤和故障痕迹特征。

本部分适用于电动机火灾物证痕迹的实验室检查。

2 规范性引用文件

下列文件对于本文件的应用是必不可少的。凡是注日期的引用文件,仅注日期的版本适用于本文件。凡是不注日期的引用文件,其最新版本(包括所有的修改单)适用于本文件。

GB/T 2900.25 电工术语 旋转电机

GB/T 2900.27 电工术语 小功率电动机

GB/T 16840.1 电气火灾痕迹物证技术鉴定方法 第1部分:宏观法

3 术语和定义

GB/T 2900.25 和 GB/T 2900.27 界定的以及下列术语和定义适用于本文件。

3.1

电动机电气故障痕迹 electrical fault trace of small power induction motor

电动机因发生过欠电压、过负荷、缺相运行、接触不良、绕组短路等故障而遗留下的痕迹。

3.2

电动机机械故障痕迹 mechanical fault trace of small power induction motor

电动机因发生轴承损坏、转子扫堂、拖动负荷机械卡死等机械性故障而遗留下的痕迹。

4 器材

4.1 测量仪表

万用表、兆欧表等。

4.2 拆卸工具

螺丝刀、拉具、扳手、锤子等。

4.3 切割工具

手锯、切割机等。

4.4 观察器材

放大镜、体视显微镜、视频显微镜等。

4.5 拍摄设备

照相机、摄像机等。

4.6 盛装容器

可密封的玻璃器皿或不锈钢器皿。

4.7 有机溶剂

三氯甲烷(分析纯)、丙酮(分析纯)等。

5 检查步骤

5.1 控制、保护装置检查

5.1.1 检查或核实控制、保护装置与电动机类别、功率等是否相匹配。

5.1.2 检查控制装置的开关状态和保护装置的动作状态,以及开关、控制线路安装是否正确。

5.2 外部检查

5.2.1 查看电动机铭牌上的接线图与实际接线情况是否一致。

5.2.2 核查电源线与电动机功率是否匹配,检查电源线线芯和绝缘层烧损情况,重点查看绝缘层内、外表面炭化、烧损程度和分断处线芯特征。

5.2.3 检查所带负荷和传动装置状态。

5.3 内部检查

5.3.1 打开接线盒,查看接线盒内表面以及电源线、接线端情况。

5.3.2 卸拆下电动机外部接线,并做好标记,检查绕组相间通断。

5.3.3 对于带有电容的单相电动机,检查电容状态。

5.3.4 把电动机与传动装置分开,查看传动装置状态。

5.3.5 对于风冷电动机,取下风扇罩和风扇叶,查看扇叶状态。

5.3.6 使用拆卸类工具或切割类工具将轴伸端端盖与机座分离并抽出转子,注意不要损伤电动机机座与转轴以外的其他部件。

5.3.7 对比电动机机壳内表面与外表面金属变形、变色程度。

5.3.8 检查轴承、转子、定子硅钢片表面状态。

5.3.9 检查绕组端部、套管内的电源引线、外壳穿线孔处的电源线是否有熔化痕迹。

5.3.10 检查定子线圈电磁线漆膜状态。

5.3.11 比较绕组端部各相变色情况。

5.3.12 拆除定子绕组,并将定子绕组浸入盛有三氯甲烷或丙酮的容器中 2 h～3 h,取出后用清水冲净,检查定子绕组是否有熔化痕迹。

6 痕迹特征

6.1 电动机电气故障可呈现下述一种或多种痕迹特征：

a) 控制、保护或启动装置缺相；

b) 电容上有击穿痕迹；

c) 接线盒内接线端缺相；

d) 电动机机壳内表面金属变色、变形较外表面严重；

e) 电动机电源线绝缘层老化、烧焦程度内层重于外层；

f) 电动机电源线线芯上有一次短路熔痕；

g) 外壳上穿线孔处的电源线有一次短路熔痕；

h) 接线盒盖局部变色、内有烟迹，并粘有喷溅熔珠；

i) 接线端有局部变色、凹坑、缺蚀、熔融粘连等电弧灼烧痕迹；

j) 绕组端部、套管内的电源引线有短路熔痕；

k) 绕组个别部位变色明显较其他部位严重；

l) 电动机绕组间炭化变色不均匀；

m) 经浸泡后取出的定子绕组上有短路熔痕。

6.2 对于6.1所描述痕迹中宏观特征为短路熔痕的，其判定应按照GB/T 16840.1的规定进行。

6.3 电动机机械故障可呈现下述一种或多种痕迹特征：

a) 拖动负荷机械卡死；

b) 传送皮带内侧炭化或转动齿轮错位，有严重机械擦伤痕迹或断齿；

c) 扇叶片有机械擦伤或击断痕迹；

d) 轴与轴承间有机械擦伤痕迹；

e) 滚动轴承轴承架损坏或滚珠损坏、变形；

f) 转子和定子硅钢片表面有机械擦伤痕迹。

6.4 机械故障还可能呈现6.1中d)～m)所表述的痕迹特征。

ICS 13.220.20
C 82

中华人民共和国国家标准

GB/T 29180.2—2012

电气火灾勘验方法和程序 第2部分：物证的溶解分离提取方法

**The investigative methods and procedures for electrical fire—
Part 2：Methods for dissolution and separation of physical evidence**

2012-12-31 发布　　　　2013-10-01 实施

中华人民共和国国家质量监督检验检疫总局
中国国家标准化管理委员会　发布

前　言

GB/T 29180《电气火灾勘验方法和程序》分为两个部分：

——第1部分：火灾中电气故障模式及勘验程序；

——第2部分：物证的溶解分离提取方法。

本部分为GB/T 29180的第2部分。

本部分依据GB/T 1.1—2009给出的规则编写。

本部分由中华人民共和国公安部提出。

本部分由全国消防标准化技术委员会火灾调查分技术委员会(SAC/TC 113/SC 11)归口。

本部分负责起草单位：公安部沈阳消防研究所。

本部分参加起草单位：广西壮族自治区公安消防总队。

本部分主要起草人：刘术军、赵长征、林松、于丽丽、高伟、邸曼、孟庆山、吴莹。

本部分为首次发布。

电气火灾勘验方法和程序 第2部分:物证的溶解分离提取方法

1 范围

GB/T 29180的本部分规定了用溶剂溶解分离和提取固着在塑料残留物中电气物证的方法。

本部分适用于ABS、聚氯乙烯(PVC)、聚苯乙烯(PS)、聚碳酸酯(PC)等塑料残留物和铜、铝、铁等电气物证。

2 规范性引用文件

下列文件对于本文件的应用是必不可少的。凡是注日期的引用文件,仅注日期的版本适用于本文件。凡是不注日期的引用文件,其最新版本(包括所有的修改单)适用于本文件。

GB/T 1844.1 塑料 符号和缩略语 第1部分:基础聚合物及其特征性能

GB/T 20162 火灾技术鉴定物证提取方法

3 术语和定义

GB/T 1844.1中界定的以及下列术语和定义适用于本文件。

3.1

塑料残留物 plastic residue

火灾现场中塑料熔融或燃烧后残留的物质。

3.2

溶解分离 dissolution and separation

用某种溶剂将塑料残留物溶解,而保持其中固着的电气物证的形状、状态、组织和形貌不发生变化。

4 试剂

除非另有说明,本部分所用试剂为分析纯,包括:二氯甲烷、乙酸乙酯、苯、甲酸、环己酮和四氢呋喃等。

5 器材

5.1 镊子、钳子等夹取类工具。

5.2 磁铁等吸附类工具。

5.3 玻璃器皿、试剂瓶等盛装类器皿。

5.4 量筒、量杯等量取类工具。

6 分离提取方法

6.1 确定塑料残留物种类

根据现场勘查或询问情况查明塑料残留物种类。对于无法确定种类的塑料残留物样品,可进行相应的物质鉴定。

6.2 选择溶剂

根据塑料残留物种类，按表1选择相应的溶剂。

表1 溶解不同塑料残留物所用溶剂

塑料残留物种类	溶剂
ABS	二氯甲烷-甲酸
PVC	四氢呋喃-乙酸乙酯-环己酮
PS	二氯甲烷-乙酸乙酯-苯
PC	二氯甲烷

6.3 配置溶剂

6.3.1 配制二氯甲烷-甲酸溶剂，宜选用溶剂体积比在8∶1～15∶1范围内，配制时用量杯先量取甲酸，后成比例量取二氯甲烷。

6.3.2 配制四氢呋喃-乙酸乙酯-环己酮溶剂，宜选用溶剂体积比在9∶0.5∶0.5～12∶0.5∶1范围内，配制时用量杯先量取环己酮，再量取乙酸乙酯，最后成比例量取四氢呋喃。

6.3.3 配制二氯甲烷-乙酸乙酯-苯溶剂，宜选用溶剂体积比在8∶1∶0.5～10∶1∶1范围内，配制时用量杯先量取苯，再量取乙酸乙酯，最后成比例量取二氯甲烷。

6.4 溶解分离

6.4.1 将固着有电气物证的塑料残留物放入适当大小的玻璃器皿中。

6.4.2 根据塑料残留物种类，在室温下加入配制好的溶剂，溶剂用量参考表2中最大溶解能力确定，并确保完全淹没塑料残留物，密封，直至溶解。

6.4.3 约2 h以后，用玻璃棒搅动塑料残留物，当塑料残留物完全软化成胶状变为澄清透明液体或混浊液体时，即可分离电气物证。

表2 溶剂对塑料残留物的最大溶解能力

塑料残留物种类	溶剂	最大溶解能力 g/mL
ABS	二氯甲烷-甲酸	0.18
PVC	四氢呋喃-乙酸乙酯-环己酮	0.15
PS	二氯甲烷-乙酸乙酯-苯	0.45
PC	二氯甲烷	0.20

6.5 提取

6.5.1 当溶解完毕呈澄清透明的液体时，用夹取类工具取出电气物证。

6.5.2 当溶解完毕呈混浊黏稠的液体时，将其倒入托盘中摊开，然后用夹取类工具或吸附类工具取出电气物证。

6.6 处理与保存

6.6.1 提取出的电气物证，宜先用自来水冲洗，再用镊子去除外表面覆盖的薄膜，然后装入物证保存袋中封存，并做好标记。

6.6.2 提取电气物证后所剩的残余液体，应放在玻璃器皿中密封保存，统一处理。

7 试验报告

试验报告应包括提取样品名称、提取人、提取日期、试验人、试验时间、分离提取方法和依据标准、试验结论等内容。

ICS 13.220.01
C 80

中华人民共和国消防救援行业标准

XF/T 812—2008

火灾原因调查指南

Guide for fire cause investigation

2008-11-18 发布

2009-01-01 实施

中华人民共和国应急管理部　公 布

前 言

根据公安部、应急管理部联合公告(2020 年 5 月 28 日)和应急管理部 2020 年第 5 号公告(2020 年 8 月 25 日),本标准归口管理自 2020 年 5 月 28 日起由公安部调整为应急管理部,标准编号自 2020 年 8 月 25 日起由 GA/T 812—2008 调整为 XF/T 812—2008,标准内容保持不变。

本标准的附录 A 为资料性附录。

本标准由公安部消防局提出。

本标准由全国消防标准化技术委员会第一分技术委员会(SAC/TC 113/SC 1)归口。

本标准起草单位:公安部天津消防研究所、中国人民武装警察部队学院。

本标准主要起草人:鲁志宝、胡建国、田桂花、邓震宇、刘义祥、张金专、陈克、梁国福、刘振刚、王鑫、陈迎春。

引 言

火灾调查是公安消防机构的重要职责，火灾原因认定结论不仅关系到当事人的权益，同时还关系到公安消防机构的形象和社会的稳定以及相关政策、法规、规范的制修订。

科学、准确地认定火灾原因必须要有科学、规范的技术依据。我国火灾调查技术人员经过多年的火灾调查工作，积累了很多丰富的经验并形成了一套较为科学、系统的技术手段和研究成果。为使这些已经被大量的实际火灾现场验证的经验和方法更加规范，增加火灾原因认定的技术含量，提高火灾原因认定的准确性，减少火灾原因认定的随意性，有必要制定本标准。

火灾原因调查指南

1 范围

本标准规定了火灾原因调查的术语和定义、人员要求、基本程序、现场记录、询问、火灾痕迹、物证、起火原因认定以及电气火灾、燃气火灾、放火、汽车火灾、爆炸、静电和雷击火灾原因的调查技术和方法。

本标准适用于公安消防机构进行火灾原因调查时用作指导。

2 规范性引用文件

下列文件中的条款通过本标准的引用而成为本标准的条款。凡是注日期的引用文件，其随后所有的修改单(不包括勘误的内容)或修订版均不适用于本标准，然而，鼓励根据本标准达成协议的各方研究是否可使用这些文件的最新版本。凡是不注日期的引用文件，其最新版本适用于本标准。

GB/T 261　石油产品闪点测定法(闭口杯法)(GB/T 261—1983，neq ISO 2719:1973)

GB/T 267　石油产品闪点与燃点测定法(开口杯法)(GB/T 267—1988，neq ГОСТ 4333:1948)

GB/T 384　石油产品热值测定法

GB/T 2406　塑料燃烧性能试验方法　氧指数法(GB/T 2406—1993，neq ISO 4589:1984)

GB/T 2407　塑料燃烧性能试验方法　炽热棒法(GB/T 2407—1980，eqv DIN 53459:1975)

GB/T 2408　塑料燃烧性能试验方法　水平法和垂直法(GB/T 2408—1996，eqv ISO 1210:1992)

GB/T 4610　塑料　热空气炉法点着温度的测定(GB/T 4610—2008，ISO 871:2006，IDT)

GB/T 5208　闪点的测定　快速平衡闭杯法(GB/T 5208—2008，ISO 3679:2004，IDT)

GB/T 5332　可燃液体和气体引燃温度试验方法(GB/T 5332—2007，IEC 60079-4:1975，IDT)

GB/T 5455　纺织品　燃烧性能试验　垂直法(GB/T 5455—1997，neq JIS 1091:1992)

GB/T 5907　消防基本术语　第一部分

GB/T 8323　塑料燃烧性能试验方法　烟密度法(GB/T 8323—1987，eqv ASTM E662:1983)

GB 8624　建筑材料及制品燃烧性能分级(GB 8624—2006，EN 13501-1:2002，MOD)

GB/T 8625　建筑材料难燃性试验方法(GB/T 8625—2005，DIN 4102-1:1998，NEQ)

GB/T 8626　建筑材料可燃性试验方法(GB/T 8626—2007，ISO 11925-2:2002，IDT)

GB/T 8745　纺织品　燃烧性能　织物表面燃烧时间的测定(GB/T 8745—2001，eqv ISO 10047:1993)

GB/T 8746　纺织品　燃烧性能　垂直方向试样易点燃性的测定(GB/T 8746—2001，eqv ISO/DIS 6940:1998)

GB/T 11049　地毯燃烧性能　室温片剂试验方法(GB/T 11049—2008，ISO 6925:1982，IDT)

GB/T 11785　铺地材料的燃烧性能测定　辐射热源法(GB/T 11785—2005，ISO 9239-1:2002，IDT)

GB/T 12474　空气中可燃气体爆炸极限测定方法(GB/T 12474—2008，ISO 10156:1996，NEQ)

GB/T 13464　物质热稳定性的热分析试验方法

GB/T 14107　消防基本术语　第二部分

GB/T 14402　建筑材料燃烧热值试验方法(GB/T 14402—1993，neq ISO 1716:1973)

GB/T 14403　建筑材料燃烧释放热量试验方法(GB/T 14403—1993，eqv DIN 4102)

GB/T 14523 建筑材料着火性试验方法(GB/T 14523—2007,ISO 5657:1997,IDT)

GB/T 14768 地毯燃烧性能 45°试验方法及评定

GB/T 15929 粉尘云最小点火能测试方法 双层振动筛落法(积分计算能量)

GB/T 16172 建筑材料热释放速率试验方法(GB/T 16172—2007,ISO 5660-1:2002,IDT)

GB/T 16173 建筑材料燃烧或热解发烟量的测定方法(双室法)(GB/T 16173—1996,neq ISO/DIS 5924:1991)

GB/T 16425 粉尘云爆炸下限浓度测定方法

GB/T 16426 粉尘云最大爆炸压力和最大压力上升速率测定方法(GB/T 16426—1996,eqv ISO/DIS 6181-1)

GB/T 16428 粉尘云最小着火能量测定方法

GB/T 16429 粉尘云最低着火温度测定方法

GB/T 16430 粉尘层最低着火温度测定方法

GB 16840(所有部分) 电气火灾原因技术鉴定方法

GB 17927 软体家具 弹簧软床垫和沙发抗引燃特性的评定(GB 17927—1999,neq ISO 8191-1:1987)

GB/T 18294(所有部分) 火灾技术鉴定方法

GB/T 20162 火灾技术鉴定物证提取方法

GB/T 20284 建筑材料或制品的单体燃烧试验

GB/T 20285 材料产烟毒性危险分级

GB/T 20390.1 纺织品 床上用品燃烧性能 第1部分:香烟为点火源的可点燃性试验方法(GB/T 20390.1—2006,ISO 12952-1～12952-2:1998,IDT)

GA 128 低压电器火灾模拟试验技术规程

GA 136 软垫家具易燃性的试验和分级方法

3 术语和定义

GB/T 5907、GB/T 14107 确立的以及下列术语与定义适用于本标准。

3.1

火灾原因 fire cause

导致火灾发生的因素。

3.2

火灾现场 fire scene

发生火灾的地点和留有与火灾原因有关的痕迹物证的场所。

3.3

火灾原因调查 fire cause investigation

通过火灾现场实地勘验、现场询问和火灾物证技术鉴定等工作,分析认定火灾原因,总结经验教训的活动。

3.4

火灾现场勘验 fire scene examination

现场勘验人员依法并运用科学方法和技术手段,对与火灾有关的场所、物品、人身、尸体表面等进行勘查、验证,查找、检验、鉴别和提取物证的活动。

3.5

起火部位 area of origin

火灾起始的房间或区域。

3.6

起火点 point of origin

火灾起始的地点。

3.7

火羽流 fire plumes

火灾中以柱状气团形式上升的热流。

3.8

火灾物证 physical evidence of fire scene

火灾现场中提取的,能有效证明火灾发生原因的物体及痕迹。

3.9

物证鉴定 identification of physical evidence

利用专门的仪器设备、技术手段以及依靠鉴定人的经验和知识,按照相关的鉴定标准和技术规程,对火灾物证的物理特性和化学特性做出鉴定结论的过程。

3.10

现场实验 test for investigation

为了证实火灾在某些外部条件、一定时间内能否发生或证实与火灾发生有关的某一事实是否存在的再现性实验。

3.11

火灾痕迹 fire patterns

物体燃烧、受热后所形成的可观测的物理、化学变化的现象。

3.12

分界线 boundary

火灾中的热效应和烟效应在对各种物体作用时,由于作用的程度不同而在受作用区和非受作用区(或受作用很小区)之间形成的界线。

3.13

炭化深度 char depth

材料炭化的深度,为残余炭化深度和烧失炭化深度之和。

3.14

等同炭化线 isochar

炭化深度相同的点的连线。

3.15

炭化速率 charring rate

单位时间内的炭化深度值。

3.16

清洁燃烧痕迹 clean burn pattern

不燃物体表面上的烟气沉积物被燃烧干净,呈现局部干净而周围还存在烟气沉积物的现象。

3.17

起火物 initial fuels

最先被点燃的物质。

3.18

火灾现场记录 recording the fire scene

对火灾现场情况进行客观记载并予以再现的方法。

3.19

火灾现场照相　photographing the fire scene

运用照相技术，按照火灾调查工作的要求和现场勘验的规定，用拍照的方式记录火灾现场的一切有关事物。

3.20

火灾现场方位照相　sequential photographing the fire scene

以整个火灾现场及现场周围环境为拍摄对象，反映火灾现场所处的位置及其与周围事物关系的照相。

3.21

火灾现场概貌照相　full scale photographing the fire scene

以整个火灾现场或现场中心地段为拍摄内容，反映火灾现场的全貌以及现场内各部分关系的照相。

3.22

火灾现场重点部位照相　photographing important areas in the fire scene

以火灾现场起火点、起火部位或燃烧炭化破坏严重部位、遗留尸体、痕迹或可疑物品等所在部位为拍摄内容，反映火灾痕迹、物品在火灾现场的位置、状态及与周边事物的关系的照相。

3.23

火灾现场细目照相　detail photographing the fire scene

以与引火源有关的痕迹、物品为拍摄对象，反映痕迹、物品的大小、形状等特征的照相。

4　人员要求

从事火灾原因调查工作的人员应具备特定的专业技能和消防监督岗位资格，能按照第5章至第16章规定的程序和方法，对不同类型的火灾进行调查并认定火灾原因。

5　火灾原因调查基本程序与方法

5.1　概述

火灾原因调查是一项技术性很强的工作，火灾调查人员在工作时，必须遵循一定的程序，利用科学的方法才能准确查明火灾原因。

5.2　基本程序

5.2.1　做好调查准备工作

火灾调查负责人要制定调查计划，确定调查火灾原因所需的人员和装备，统一指挥，分工合作，落实责任，密切配合。

5.2.2　实施现场保护

火灾调查人员接警后，应该立即赶赴现场，在初步了解火灾情况的基础上及时组织现场保护。确定实施现场保护人员、保护范围和保护方法。

5.2.3　收集提取证据

在调查过程中，通过现场勘验、现场询问发现和收集物证、人证，并对证据进行审查和验证，需要技术鉴定的物证要及时送检。

5.2.4 放火嫌疑案件的移交

如果在收集证据的过程中发现火灾性质为放火嫌疑，应该及时通知刑事侦查部门，并将案件进行移交。

5.2.5 分析认定火灾原因

火灾调查人员应当使用科学的方法、原理对所有收集到的可用证据和线索进行分析，分析火灾事实，确定火灾的起火点、火灾原因。

5.2.6 相关材料归档

按照有关规定，将火灾原因调查中得到的材料，进行归档，并根据规定进行保存。

5.3 基本方法

5.3.1 火灾现场保护

5.3.1.1 概述

火灾现场保留着能证明起火点、起火时间、起火原因等的痕迹物证，如不及时保护好火灾现场，现场的真实状态就可能受到人为的或自然原因的破坏，不但增加了火灾调查的难度，甚至也可能永远查不清起火原因。

公安消防机构接到火灾报警后，应当立即派员赶赴火灾现场，做好现场保护工作，确定火灾调查管辖后，由负责火灾调查管辖的公安消防机构组织实施现场保护。火灾现场保护人员在现场保护期间要服从统一指挥，遵守纪律，不能随便进入现场，不准触摸、移动、拿用现场物品。保护人员要有高度的责任心，坚守岗位，尽职尽责，保护好现场的痕迹物证，自始至终地保护好火灾现场。

5.3.1.2 保护范围

凡与火灾有关的留有火灾物证的场所都应列入现场保护范围，但在保证能够查清起火原因的条件下，尽量把保护现场的范围缩小到最小限度。需要根据现场的条件和勘验工作的需要扩大保护范围的情况有：

a） 起火点位置未能确定，起火部位不明显，起火点位置看法有分歧，初步认定的起火点与火灾现场遗留痕迹不一致等；

b） 当怀疑起火原因为电气故障时，凡属与火灾现场用电设备有关的线路、设备，如进户线、总配电盘、开关、灯座、插座、电机及其拖动设备和它们通过或安装的场所，都应列入保护范围；

c） 对爆炸起火的现场，不论抛出物体飞出的距离有多远，也应把抛出物着地点列入保护范围，同时把爆炸场所破坏或影响到的建筑物等列入现场保护的范围。

5.3.1.3 保护时间

保护时间应从发现火灾时起，到火灾现场勘验结束为止。火灾现场勘验负责人应当根据勘验需要和进展情况，调整现场保护范围，经勘验不需要继续保护的部分，应当及时决定解除封闭并通知火灾当事人。

5.3.1.4 保护方法

5.3.1.4.1 灭火中的现场保护

消防指战员在灭火战斗展开之前进行火情侦察时，应该注意发现起火部位和起火点。在灭火时，特别是消灭残火时不要轻易破坏或变动这些部位物品的位置,应尽量保持燃烧后物品的自然状态。在拆除某些构件和清理火灾现场时,应该注意保护好起火部位物品的原状,对于有可能为起火点的部位,更要特别小心,尽可能做到不拆散已烧毁的结构、构件、设备和其他残留物。在翻动、移动重要物品以及经确认已经死亡的人员尸体之前,应当采用编号并拍照或录像等方式先行固定。

5.3.1.4.2 勘验前的现场保护

根据不同火灾现场情况,可采取如下现场保护方法:

a) 露天火灾现场:应首先在发生火灾的地点和留有与火灾有关的痕迹物证的一切处所的周围,划定保护范围。起初应当把范围划大一些,待勘验人员到达后,可根据具体情况缩小。如果现场的范围不大,可绕以绳索划警戒圈,对现场重要部位的出入口应设置屏障遮挡或布置看守。

b) 室内火灾现场:主要应在室外门窗下布置专人看守,或重点部位加以看守加封,必要时对现场的室外和院落也应划出一定的禁入范围,并对房间所有人做好安抚工作,劝其不要急于清理。

c) 大型火灾现场:可利用原有的围墙、栅栏等进行封锁隔离,待勘验时,再酌情缩小现场保护范围。

5.3.1.4.3 勘验中的现场保护

有的火灾现场需要多次勘验,因此在勘验过程中,不应有违反勘验纪律的行为。即使是烧剩下的一些构件或物体妨碍工作时,也不应该随意清理。在清理之前,必须从不同侧面拍照,以照片的形式保存和保护现场的原始状态。

5.3.1.4.4 现场痕迹、物证的保护方法

对于留有痕迹、物证的处所,均应予以保护,必要时可做出保护标记。

5.3.2 火灾原因调查中的询问

火灾调查中的询问就是对证人的查访。通过对当事人、证人、受灾人员、周围群众以及其他相关人员的询问,获取有关起火时间、起火点、起火原因等的信息,为分析起火原因提供线索和证据。

5.3.3 火灾现场勘验

5.3.3.1 火灾现场勘验的准备

到达火灾现场以后,应在统一指挥下抓紧做好如下几项勘验的准备工作:

a) 组成勘验小组,确定现场勘验人员及负责人,明确各自的工作任务。勘验人员不得少于二人,同时应当邀请一至二名与火灾无关的公民做见证人。

b) 观察和了解状况:火灾现场勘验人员观察并记录火势状态、蔓延情况、火焰高度及颜色、烟的气味及颜色,建筑物及物品倒塌情况;扑救情况、破拆情况、抢救人员及财物情况;人员动态,可疑的人和事。

c) 勘验前的询问:现场勘验前向事主、火灾肇事者、发现人、报警人、了解火灾现场情况的人等了解有关火灾和火灾现场的情况。

d) 准备勘验器材:常用的勘验器材有现场勘验箱、照相器材、绘图器材、清理工具提取痕迹物证的仪器和工具、检验仪器等。

e) 现场勘验时的安全防护:对现场的可能的危险因素进行评估,并在进行勘验前采取相应措施。简易防护器材包括安全帽、安全靴、手套、口罩等,对于有毒物品、放射性物品引起的火灾现场,要佩带隔绝式呼吸器,穿全身防护衣。

5.3.3.2 火灾现场勘验步骤

5.3.3.2.1 环境勘验

环境勘验是火灾调查人员在现场外围或周围对现场进行的巡视和视察，以便对整个现场获得一个整体概念，拟定勘验范围、确定勘验顺序。

环境勘验的主要内容包括：

a） 火灾现场的燃烧破坏范围、大致的燃烧终止线。

b） 火灾现场周围道路及墙外有无可疑人出入的痕迹。

c） 通向火灾现场的通道、门窗情况。

d） 建筑构件的倒塌形式和方向。

e） 火灾现场外表面的烟熏痕迹。

f） 起火建筑物周围通过的电源线路，尤其是进户线路部分，以判定火灾现场中的供电情况，以及是否有短路、漏电等引发火灾的可能。

g） 火灾现场周围的临时建筑、可燃物堆垛等与现场的关系，判断是否由这些部位起火蔓延至中心现场。

h） 起火建筑物周围、地下的可燃性气体及易燃液体管道及阀门等情况，以判断有无泄漏的情况。

i） 其他情况。如怀疑发生雷击火灾，应观察火灾现场地形，火灾现场最高物体与周围物体相对高度，可能的雷击点与起火范围之间的关系。若怀疑烟囱飞火引发火灾，应观察烟囱的高度，与火灾现场的距离，锅炉燃料及燃烧情况，结合起火时的风力风向判断有无飞火的可能。

5.3.3.2.2 初步勘验

初步勘验是在环境勘验的基础上，将勘验的重点转向火灾现场内部，在尽量不触动现场物体和不变动物体原来位置的情况下进行更具体的勘验，以确定起火部位和下一步的勘验重点。

初步勘验的主要内容有：

a） 现场有无放火痕迹，如门窗破坏、物品移动情况等；

b） 不同方向、不同高度、不同位置的燃烧终止线；

c） 不同部位各种物质烧毁情况，同一物体不同方向的烧毁情况；

d） 倒塌的部位、方向和形成倒塌的原因；

e） 物体上形成的燃烧图痕或烟熏痕迹；

f） 不燃建筑材料的变形熔化情况；

g） 火源、热源的位置及状态；

h） 电气控制装置、线路及其位置被烧状态。

5.3.3.2.3 细项勘验

细项勘验是指初步勘验过程中所发现的痕迹、物证，在不破坏的原则下，可以逐个仔细翻转移动地进行勘验和收集，以确定起火点。

细项勘验的主要内容有：

a） 可燃物烧毁、烧损的状态，根据燃烧炭化程度或烧损程度，分析其燃烧蔓延的过程；

b） 建筑物和物品塌落的层次和方向；

c） 不燃物或难燃物的破坏情况；

d） 烟熏痕迹；

e） 悬挂物掉落的位置和形态；

f） 低位燃烧部位和燃烧物，判断形成低位燃烧的原因；

g） 搜集现场残存的发火物、起火物、发热体的残体；

h） 人员烧死、烧伤情况。根据死者姿态，判断伤者遇难前行动情况。

5.3.3.2.4 专项勘验

对火灾现场找到的引火源、引火物或起火物，收集证明起火原因的证据。

专项勘验的主要内容有：

a） 各种起火物，如油丝、油瓶残体，根据物品特征分析它的来源；

b） 电气线路，有无短路点、过电流现象，根据其特有的痕迹特征，分析短路和过电流的原因；

c） 用电设备有无过热现象及内部故障，分析过热和故障的原因；

d） 机械设备，检查有无摩擦痕迹，分析造成摩擦的原因；

e） 反应容器，检查其内部物料性质及数量和工艺条件；

f） 储存容器，检查其泄漏原因及形成爆炸混合气体的条件；

g） 自燃物质的特性及自燃的条件；

h） 热表面的温度，发热时间，与可燃物的距离，可燃物的有关特征等。

5.3.3.3 火灾现场勘验方法

现场勘验时应注意准确确定挖掘的范围，明确挖掘目标，确定寻找对象，要耐心细致，注意物品与痕迹的原始位置和方向，发现物证不要急于提取。

主要勘验方法有：

a） 剖面勘验法：在拟定的起火部位处，将地面上的燃烧残留物和灰烬分开一个或多个剖面，仔细观察残留物每层燃烧的状况，辨别每层物质的种类；

b） 逐层勘验法：对火灾现场上燃烧残留物的堆积层由上到下逐层剥离，观察每一层物体的烧损的程度和烧毁的状态；

c） 筛选法：这是对需要详细勘验、范围比较大，只知道起火点大致的方位，但又缺乏足够的材料证明确切的起火点位置的火灾现场采用的一种方式；

d） 复原勘验法：在询问证人的基础上，将残存的建筑构件、家具等物品恢复到原来位置和形状，以便于观察分析火灾发生、发展过程；

e） 水洗法：是指用水清洗起火点底面或其他一些特定的物体和部位，发现和收集痕迹物证的方法。

5.3.4 调查记录

在现场勘验的过程中，应把调查过程、发现的线索和痕迹物证、证人提供的证言等如实记录下来。现场勘验主要包括火灾现场勘验笔录、现场照相、现场绘图、现场录像、现场录音、现场询问笔录等。

5.3.5 火灾物证鉴定

火灾现场中残留的能够证明起火原因、火灾责任等的证据，并不都是能够直接地或直观地作为证据而起证明作用的，有的需要经过有鉴定资质的单位或专家进行鉴定，鉴定结论可以作为法定的证据。

5.3.6 火灾原因分析认定

5.3.6.1 概述

火灾调查人员应对现场勘验、调查访问、物证鉴定等获取的线索、资料、证据进行综合分析和研究，通过分类排队、比较鉴别，排除来源不实、似是而非的材料，对查证属实的因素、条件和证据进行科学的分析和推理，进而认定起火原因。

5.3.6.2 起火时间

起火时间是火灾过程中起火物发出明火的时间，对于自燃、阴燃则是发热、发烟量突变的时间。

确定起火时间的目的是帮助区分火灾的性质和划定调查范围。如果存在人为因素，就要以确定的时间为基础，采用定人、定时、定位的方法进行查证，以便从中发现可疑线索。

5.3.6.3 起火部位和起火点

起火部位和起火点是认定起火原因的出发点和立足点。

火灾现场勘验中，需要由火灾现场的客观情况来决定起火部位的范围，一般燃烧痕迹比较集中，特征比较清楚，能够看出火源的位置和火势蔓延方向，起火部位的范围可缩小，相反则需扩大。

起火点通常只有一个，但如果存在多个起火点时，应考虑放火、电气线路故障、爆燃起火和飞火等。

5.3.6.4 起火前的现场情况

查明起火前的现场情况的目的是为了从起火前和起火后现场情况相对照的过程中发现可疑点，找出可能引发火灾的因素。主要应查明以下几方面情况：

a) 建筑物平面布置、建筑物耐火等级、用途、室内陈设情况等。

b) 火源、电源情况：火源所处的部位以及与可燃材料、物体的距离，有无不正常的情况，是否采取过防火措施；敷设电气线路的部位，电线是否合格、是否超过使用年限，有无破旧漏电现象，负荷是否正常，近期检查修理情况；机械设备的性能、使用情况和发生过的故障都应了解清楚，以便推断出可能引起着火的物质和设备。

c) 储存物资情况：要了解起火房间或库房内是否存有化学物品或自燃性物品；可燃物与电源、火源的接触情况；物质的性质及存放条件。

d) 有关防火安全规定、操作规程等情况。

e) 以前是否发生过火灾，以及发生地点、火灾原因，采取的预防措施等。

f) 有无灯光闪烁、异响、异味、升温和机械运转不正常等现象。

5.3.6.5 火灾后现场情况

起火后的现场情况主要应查明以下几方面情况；

——起火时气象条件及火势蔓延方向；

——遭受火灾破坏比较严重的部位及其周围的情况；

——现场上有哪些同火灾有关的痕迹和物证；

——当事人或其他人中有无反常现象。

5.3.6.6 灭火行动对现场的影响

灭火行动往往对火灾现场产生很大的影响，尤其是灭火过程中的疏散财物、抢救人员和破拆将使火灾现场的面貌发生很大的变化。为了对火灾现场有一个正确全面的认识，必须弄清灭火的全部过程，并分析灭火行为对火灾现场产生的影响。

5.3.6.7 群众对火灾发生的反映

本单位的职工、附近的群众对发生火灾的场所比较熟悉，他们对有关火灾发生的反映常常可提供很多可参考的线索，收集他们的反映，对查明火灾原因有很大的帮助。有时，群众的反映会有不准确的成分，调查询问时，一方面应听取群众的反映，同时也应结合其他材料进行全面分析印证。

6 现场勘验记录

6.1 概述

火灾现场勘验记录是对火灾现场情况进行客观记载并予以再现的方法，是现场勘验工作的重要内容之一，主要包括火灾现场照相、火灾现场摄像、火灾现场制图和火灾现场勘验笔录等。其中，火灾现场勘验笔录是记录火灾现场的主体形式，火灾现场照片、录像片和火灾现场图是火灾现场勘验笔录的重要附件。

6.2 火灾现场照相

6.2.1 火灾现场照相器材

6.2.1.1 照相机

火灾现场照相所需要的照相机一般应保障火灾现场和痕迹物证照相的基本要求。现场照相经常变换场景，应该配置具有可以更换镜头的单镜头反光式(DF)照相机为宜。从使用功能上，最好具有手动和自动曝光、调焦等功能。可以用胶片或数码照相机。

6.2.1.2 照相镜头

除标准镜头外，还应配备与照相机匹配的广角镜头和望远镜头，或者是可以在广角范围、望远范围变化焦距的变焦镜头。为了拍摄近处微小物体，应该配备有近摄功能的定焦或变焦镜头。

6.2.1.3 照明光源

可以采用现场照明灯、勘验灯或电子闪光灯作为现场照相的光源。电子闪光灯的闪光指数应在28 m(ISO 100)以上。可以配备两只以上的闪光灯，并用闪光同步装置控制曝光同步。

一般照明光源的色温应为 3 200 K 左右，闪光灯的色温应为 5 400 K 左右。

6.2.1.4 胶卷或记忆卡

火灾现场光线较暗，为保证现场照相曝光合适，可选择感光度在 ISO 100 以上的黑白或彩色胶卷。但在实验室等光照条件较好的场所拍照痕迹物证时，建议使用 ISO 100 的胶片。

为保证数码影像在法庭放映时的清晰度，数码照相机影像质量的设置应该在 2 560×1 920 像素及以上。数码照相机的记忆卡(棒)应采用快速记忆卡(棒)。

6.2.1.5 三脚架

应升降方便，转动灵活，牢固可靠，便于携带。

6.2.1.6 近摄接圈或伸缩皮腔

与照相机、镜头口径及连接方式匹配，拍照倍率为 1∶10～1∶1 左右。

6.2.1.7 滤光镜

应备有密度不同的红、黄、蓝、绿系列滤光镜。还可配备红外、紫外、偏光、色温转换滤光镜。

6.2.1.8 比例尺

应备有黑底白刻度比例尺、白底黑刻度比例尺、黑白混合比例尺和彩色比例尺、透明比例尺。比例尺以 mm 为最小单位,刻度误差不得超过百分之一。还应备有钢卷尺、皮尺。

6.2.1.9 其他附属设备

应备有快门线、暗房袋、痕迹物证编号签,柔光、反光、遮光器具。偏远地区还应备有简易黑白冲洗器具。

数码照相机还应备有备用电池、读卡器。

6.2.2 火灾现场照相步骤

6.2.2.1 了解火灾现场情况并及时固定现场

火灾调查人员(拍摄人员)到达火灾现场后,应了解火灾现场基本情况,并巡视火灾现场,迅速准确地对火灾现场概貌状况进行拍摄固定。对于正在燃烧的现场,应从几个角度、定时拍摄,为以后分析火灾火势蔓延提供影像素材。对于有强行进入现场或破坏痕迹的现场,应对目标及时进行拍摄固定。

6.2.2.2 现场拍摄构思

根据火灾现场状况,明确火灾现场拍摄内容、重点,构思安排多个画面、镜头的组合结构和对整个火灾现场的表述方法。

6.2.2.3 制定拍摄计划

当两人以上共同承担复杂火灾现场的拍摄时,应共同研究制定拍摄计划,统筹安排拍摄内容的先后顺序,并分工明确具体任务和责任范围。

6.2.2.4 拍摄顺序

火灾现场的拍摄顺序一般应遵循以下原则:

——先拍概貌,后拍重点、细目;

——先拍原始,后拍移动;

——先拍易破坏消失的,后拍不易破坏消失的;

——先拍地面,后拍上部;

——现场方位的拍摄,应根据情况灵活安排。

6.2.2.5 查漏补缺

在整个火灾现场拍摄完毕后,应该检查有无漏拍、错拍以及技术失误,及时进行补拍。

6.2.3 火灾现场照相的内容

6.2.3.1 火灾现场方位照相

火灾现场方位照相主要内容和方法如下:

a) 取景范围应包含现场和周边环境,宜在较高、较远的位置拍照,尽量显示出火灾现场与周围环境的关系,以及一些永久性的标志。拍照时,应将火灾现场安排在画面视觉中心。可以采用特写镜头反映现场所在的位置,如单位名称、门牌号码、站牌等,并将此照片与相关反映现场方位的照片粘贴在一起。

b） 火灾现场方位照相应尽量用一个镜头反映被拍景物。受拍照距离限制，无法拍照全面时，可采用回转连续拍照法拍照。

6.2.3.2 **火灾现场概貌照相**

火灾现场概貌照相主要内容和方法如下：

——拍照火灾现场概貌应以反映火灾现场的整体状态及特点为重点。一般应在较高的位置向下拍照，取景构图时，应将现场中心或重要部位置于画面的显要位置。尽量避免重要场景、物体互相遮挡、重叠。

——对于比较复杂的建筑火灾，室内拍照应该按照一定的顺序进行。

6.2.3.3 **火灾现场重点部位照相**

火灾现场重点部位照相主要内容和方法如下：

a） 火灾现场重点部位照相所选择的方向和拍照范围应能反映出火灾现场重点部位的特征。火灾现场重点部位较多时，应按照顺序分别拍照。

b） 火灾现场重点部位照相拍摄距离较近，应注意增加景深；为防止画面边缘物体的变形，不宜使用广角镜头；对于光线较暗的场所，应以闪光灯或现场勘验灯作为照相光源。反映物体间的距离或物体的大小时，应使用不反光的非金属标尺且镜头主光轴与拍摄平面保持垂直。

6.2.3.4 **火灾现场细目照相**

6.2.3.4.1 **火灾现场细目照相的基本要求**

这种照相一般需要移动物品的位置，选择物品的主要特征并在光线条件较好的位置进行拍照。在移动物品前应该将其在现场的原始位置和状态拍照下来，以供参考和分析。

对于体积较小物品的拍照应采用近距拍照方法。需要反映物品的大小时，应将比例尺放置在物品的边沿，尺子刻度一侧应靠近物品并使尺子与物品在同一平面，镜头光轴应保持与尺子所在平面垂直。

需要准确反映痕迹、物体颜色时，应注意光源色温与彩色胶片类型相适应，数码照相时应注意调整光源类型和拍照方式。

6.2.3.4.2 **V 型或 U 型痕迹拍照**

拍摄起火点处的 V 型或 U 型痕迹时，照相机镜头的光轴应与痕迹所在平面垂直，取景范围既要包括燃烧或烟熏痕迹本身，同时也要包括墙壁或其他的载体，痕迹的下方即起火点的残留物在画面上要有所体现。

6.2.3.4.3 **变色痕迹的拍照**

拍照金属等不燃物表面的颜色变化时，应将变色部分与未变色部分一同摄入镜头，并正确地记录其颜色、光泽。彩色照相应该注意光源色温的平衡。使用人工光源时，不能在画面上产生强烈的反射光斑。

6.2.3.4.4 **导线熔痕的拍照**

拍照导线熔痕时，先拍摄熔痕在现场的位置，再拍摄熔痕的外部特征。一般用近距照相方法，取景时画面中包括熔痕、过渡区和导线。调焦应该准确，为获得较大的景深应使用 F5.6 以上的光圈。拍摄时，沿导线长度方向应放置比例尺，镜头光轴与导线所在平面垂直。照明光源宜采用柔和的光源并采用脱影照相的方法。光线较暗时，若曝光时间长于 1/30 s 应将照相机固定并使用快门线。

6.2.3.4.5 木材炭化痕迹的拍照

应重点反映出木材炭化层表面的裂纹深度、裂纹长度、裂纹密度以及炭化区域表面的光泽和质感，应注意光照方向的选择，并尽量使用F5.6以上的光圈。

6.2.4 火灾现场照相的文字记录

火灾现场照相的文字记录内容包括：拍摄的时间、地点、天气情况、拍摄对象及拍摄方向等，为照片的编排提供现场照相的信息。

6.2.5 火灾现场照相的方法

6.2.5.1 单向拍照法

单向拍照法是指从某一个选定的方向对被摄体进行拍照的方法(如图1所示)，只能表现火灾现场的某一个侧面的状况，多用于比较简单的、范围较小的现场中某一目标的拍摄。选择拍摄点时，取景画面应充分反映火灾现场的信息和特点。

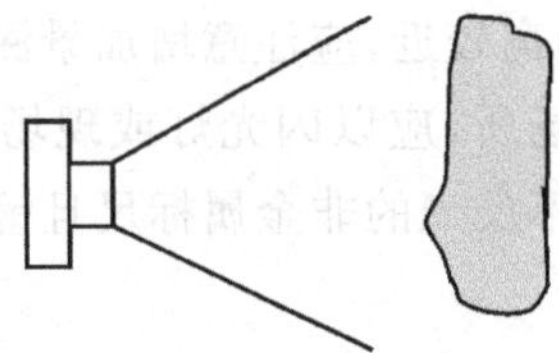

图1 单向拍照法示意图

6.2.5.2 相向拍照法

相向拍照法是以相对的两个方向对被摄体进行拍摄的方法，可以反映出被摄体前后状况及与周围环境的关系(如图2所示)。拍摄时，尽可能保持两张照片拍摄的距离和视角相等，使两张照片上被摄体影像的大小基本相同，便于相互比较。拍摄尸体及类似的长形物体时，应当避免从被摄体的两端进行拍摄，防止影像失真变形。由于受现场条件的限制，确实无法避免时，应尽量提升拍摄高度，以减少失真度。

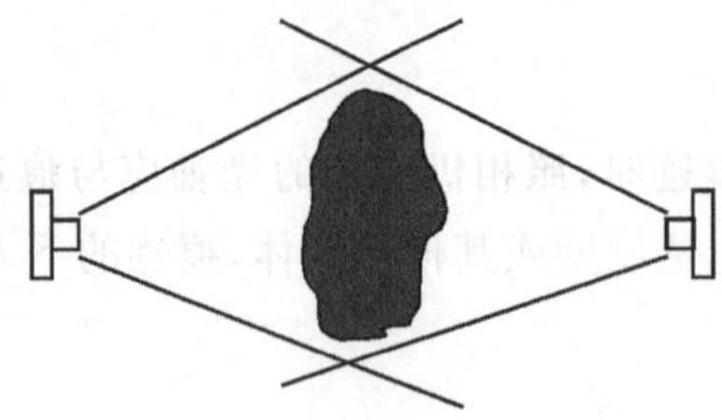

图2 相向拍照法示意图

6.2.5.3 多向拍照法

多向拍照法是从三个及以上方向对被摄体拍摄的方法(如图3所示)。它能充分地反映被摄体不同侧面的状态以及与周边事物的相互联系。拍摄时，应该保持每个拍摄点到中心目标的距离、每个镜头的视角大体相等，确保每张照片反映现场状况的距离和角度基本相近。由于多向拍照法拍摄的每张照片只是现场的一个侧面，将它们编排到一起才能表现出整体情况，为此后期制作时，应当按照拍摄时的角度、顺序进行编排。

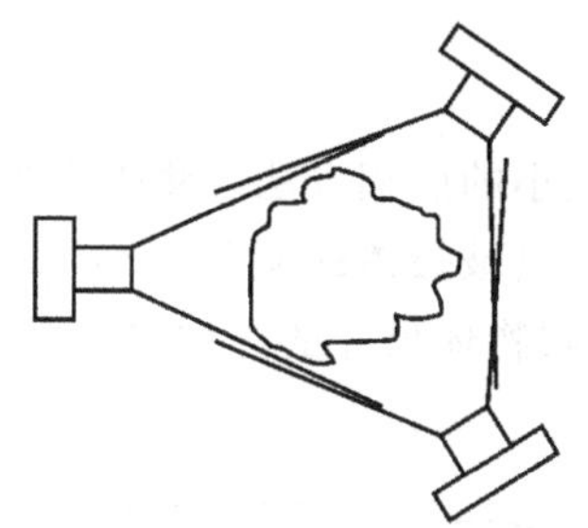

图 3　多向拍照法示意图

6.2.5.4　回转连续拍照法

回转连续拍照法是用固定焦距镜头(一般用标准镜头)的照相机拍摄露天大范围现场的一种特殊方法。拍摄时,在拍摄点每拍摄完一个画面后,水平转动镜头角度拍摄下一个画面,最后将所有照片按序拼接起来,形成一张整体的照片,反映一个完整的场景(如图 4 所示)。这种拍摄方法应注意以下几点事项:

a) 选择的拍摄点应该能够看到所拍摄的现场的全部或大部分,拍摄点到现场之间没有遮挡。现场中心或重点部位应该在中间部位。

b) 每个画面的调焦距离应该相同,调焦点应该在现场距离镜头最远点和最近点之间的前 1/3 处,每个画面所用的对焦距离应该相同。

c) 每个画面都用相同的光圈数,这样才能保证景深效果一致,曝光量的控制可以通过改变快门速度(曝光时间)来实现。

d) 每个画面之间应该有一定的衔接,大约是每幅画面横向的 1/5。转动拍摄角度,拍摄下一个镜头时,应注意沿水平线转动,必要时可使用三脚架。

e) 使用胶片拍摄时,应注意负片和照片处理条件的一致,保证每张照片的放大倍率、颜色和色调深浅一致,以便于照片拼接。

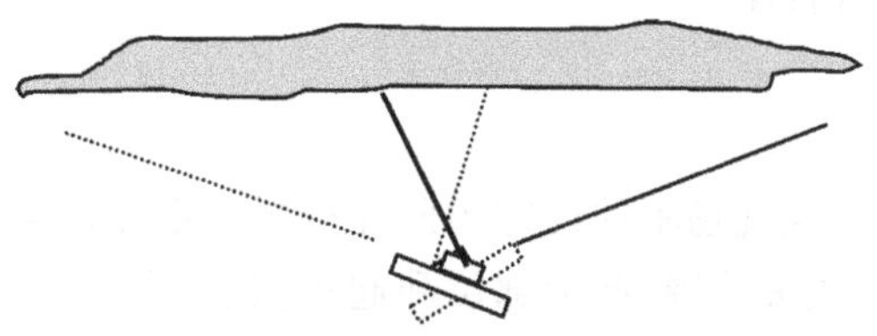

图 4　回转连续拍照法示意图

6.2.5.5　直线连续拍照法

直线连续拍照法又称平行连续拍照法,是将照相机保持在与被摄体等距离的同一平面上,沿直线平行移动照相机,分段将被摄体拍照下来,然后将拍摄的照片拼接在一起,形成一张宽幅照片,反映被摄体完整状况的照相方法(如图 5 所示)。这种照相方法应该注意的事项与回转连续拍照法相同。

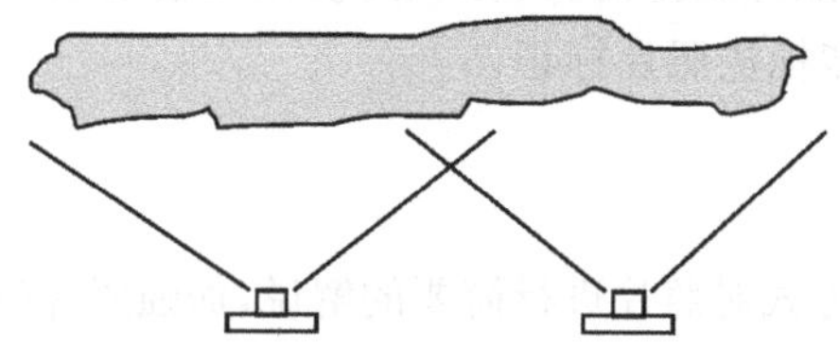

图 5　直线连续拍照法示意图

6.2.5.6 现场测量拍照法

现场测量拍照法是反映被摄物体大小的照相方法。将带有刻度的特制测量尺放置在被摄体的平面上,使其与被摄体一同摄入画面,以供测量被摄体的实际大小(如图 6 所示)。拍照时,应使测量尺与被摄体在同一平面内,测量尺应该沿着反映物体尺寸的方向平行放置,刻度侧靠近被摄体;镜头光轴应与被摄体平面垂直。

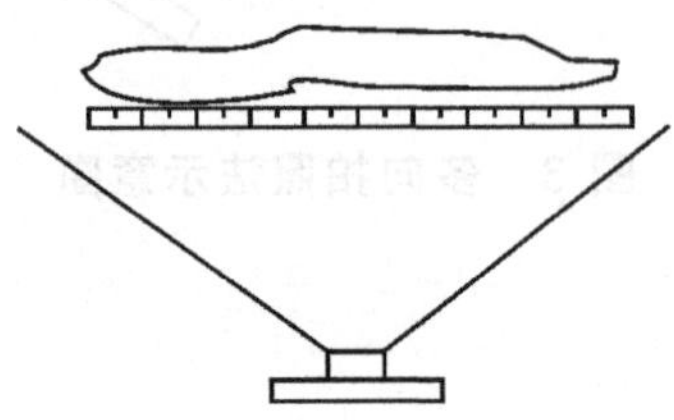

图 6 测量拍照法示意图

6.2.6 火灾现场照片的编排制作

6.2.6.1 影像画面的选择

选择影像画面时,应择优选用,从中选出最好的画面。

6.2.6.2 照片的制作

火灾现场照片一般以横幅矩形为主,也可配以少量的竖幅照片;照片宜采用大光照相纸,不留白边、花边。照片尺寸由照片内容而定,反映现场方位、概貌时可采用大尺寸照片,也可以采用拼接照片。

照片应影像清晰、密度反差适中、层次丰富、无瑕疵;彩色照片应色彩饱和、真实;用于检材和样品比对的照片,其尺寸应该一致。

数码影像应该用专用的相纸打印。

6.2.6.3 照片的编排

火灾现场照片的编排是将反映现场不同内容的照片按照一定方式组合在一起,系统、完整地再现火灾现场的真实状况,清楚地反映火灾范围、起火部位和起火点、火灾性质、火灾破坏程度、痕迹物证所在部位与特征等。

6.2.6.4 照片标识

照片标识能够表示照片间的相互关系,或者突出照片上的重要部位、物体,常用的照片标识有:

——表示方向或照片之间从属关系的标识,如→、←、↑、↓等;

——表示现场或痕迹物证所处位置的标识,如×、△、○、☆、※等;

——表示照片之间并列组合关系的标识,如┼、┬、┴、├、┤等。

标识的选择要符合火灾现场照片编排需要,标识的使用要前后统一,标划的颜色要单一,表示方向的线段不能互相交叉,痕迹上不能标注照片标识。

6.2.6.5 照片说明

照片说明是用文字和图形的方式对照片进行简要的解说,加强照片的表现力。照片说明的内容如下:

a) 火灾简介:在照片卷的前面,写明火灾的名称,发生火灾的时间、地点,简要的勘验过程,拍摄的时间、天气和光照条件等;

b） 拍摄人员姓名及职务；

c） 照片注释：照片所反映对象的必要文字说明；

d） 拍摄位置图：在现场平面示意图上表示每张照片的拍摄地点、方向的图。

6.3 火灾现场摄像

6.3.1 现场摄像器材

火灾现场摄像应该选择体积小、重量轻、清晰度高、色彩还原好、照度要求低的摄像机，可以是摄录一体式或摄、录像分体式的磁带或数码摄（录）相机。

6.3.2 现场摄像内容

6.3.2.1 火灾现场方位摄像

火灾现场方位摄像反映现场周围的环境和特点，并表现现场所处的方向、位置及其与其他周围事物的联系。这一内容，一般用远景和中景来表现。摄像时，宜选择视野较为开阔的地点，把能够说明现场位置和环境特点的景物、标志摄录下来。常用的拍摄方法有摇摄法和推摄法。当火灾现场周围建筑物较多时，需要从几个不同的方向拍摄，反映其位置和环境。

6.3.2.2 火灾现场概貌摄像

火灾现场概貌摄像是以整个火灾现场为拍摄内容，反映现场的基本状况，可分为两部分：

a） 拍摄火灾扑救过程，如起火部位、燃烧范围、火势大小、抢救物资和疏散人员、破拆、灭火活动的镜头；

b） 拍摄勘验活动的过程，如火灾现场范围及破坏程度、损失情况、火灾现场内各部位之间的关系等。

6.3.2.3 火灾现场重点部位摄像

火灾现场重点部位摄像是以起火部位、起火点、燃烧严重部位、炭化严重部位和遗留火灾痕迹物证的部位为拍摄内容，反映其位置、状态及相互关系。火灾现场重点部位摄像是整个现场摄像中的重要部分，常用的拍摄方法有：

——静拍摄，对现场的原貌进行客观记录；

——动拍摄，将勘验、现场挖掘和物证提取的过程一同拍摄。

6.3.2.4 火灾现场细目摄像

火灾现场细目摄像是以火灾痕迹物证为拍摄内容，反映火灾痕迹物证的尺寸、形状、质地、色泽等特征，常采用近景和特写的方法拍摄。拍摄时，应选择适宜的方向、角度和距离，充分表现痕迹物证的本质特征。对各种痕迹物证的拍摄时，应在其边缘位置放置比例尺。

6.3.2.5 火灾现场相关摄像

火灾现场相关摄像包括拍摄现场访问、现场分析会和对痕迹物证进行检验分析、模拟实验等活动的过程，可根据火灾的具体情况而定。

6.3.3 现场摄像方法

6.3.3.1 光线运用

光线运用的关键在于把握光线的强度、照射方向、光比和光源的色温。

6.3.3.2 画面构图

拍摄时通过改变拍摄方向、距离、角度、镜头焦距及光线，对摄像画面构图。

6.3.3.3 摄像技法

在现场摄像中，主要采用如下技法：

a) 摇摄法。指摄像机的位置不变，改变摄像机镜头轴线的拍摄方法。根据拍摄景物的需要，摇摄可以水平或者上下方向转动镜头。

b) 推、拉摄法。推摄是指被摄主体不变，摄像机向被摄主体方向推进，或变动摄像机镜头的焦距(从广角到长焦)使画框由远而近的一种拍摄方法。拉摄是指被摄主体不变，摄像机逐渐远离被摄主体，或变动镜头的焦距(从长焦到广角)使画框由近及远与主体脱离的一种拍摄方法。

c) 移动拍摄。移动拍摄是指依靠人体移动或将摄像机架在活动物体上，并随之运动而进行的拍摄。常用于长条形的烟熏痕迹、管道、走廊等的拍摄。

d) 跟摄。跟摄是指摄像机跟随运动的主体一起运动进行的拍摄。拍摄时，摄像机的运动速度与被摄主体的运动速度始终保持一致，主体在画框中处于一个相对稳定的位置，画面的景别不变，而背景环境则始终处在变化中。

6.3.3.4 镜头长度

镜头长度的确定应以看清画面内容为依据，一般固定镜头能看清楚的最短时间长度为：全景 6 s、中景 3 s、近景 1 s、特写 2 s。拍摄时，必须保证足够的镜头长度，以便后期制作。

6.3.4 现场摄像的步骤

现场摄像的步骤与现场照相的步骤相同，见 6.2.2。

6.3.5 现场录像片的编辑

6.3.5.1 现场录像片编辑原则

现场录像片的编辑原则是，根据一定的思维逻辑，把现场摄像的镜头组接成一个情节完整、层次清楚、易于理解的录像片。

6.3.5.2 编辑现场录像片

录像片常以顺叙、分叙等形式，表达火灾的发生、发现、发展、调查、原因认定过程。各部分之间应分段，片头、片尾应有标题、字幕、录制人员姓名、审核人姓名及录制日期。录像片应当配音，配音主要包括音乐和解说词。解说词以现场勘验笔录、火灾原因认定书为主要内容，对现场的原始面貌加以客观的解说。

6.4 火灾现场制图

6.4.1 火灾现场制图的工具

常用的手工制图工具有：

——制图板；

——丁字尺；

——三角板(包括 45°等腰直角三角板和分别为 30°、60°的直角三角板)；

——绘图笔；
——量角器；
——云形尺；
——圆规和分规；
——测量工具(测距仪、皮尺、钢卷尺)；
——比例尺；
——擦图片；
——胶带纸；
——橡皮等。

计算机制图需要计算机、制图软件等。

6.4.2 火灾现场制图的种类

6.4.2.1 火灾现场方位图

现场方位图的绘制主要反映现场的具体位置，其基本内容为：

——标明火灾区域及周围环境情况；
——标明该区域的建筑物的平面位置及轮廓，并标记名称；
——标明该区域内的交通情况，如街道、公路、铁路、河流等；
——用图例符号标明火灾范围，起火点、爆炸点等的位置，或可能是引发火灾的引火源位置；
——标明火灾现场的方位，发生火灾时的风向和风力等级；
——火灾物证的提取地点。

6.4.2.2 火灾现场全貌图

火灾现场全貌图又叫现场全面图，是以整个火灾现场为表现内容的一种图形。应表明火灾现场的范围，以及起火部位、起火点、火灾蔓延途径、人员伤亡和残留物等物体之间的位置关系。

6.4.2.3 火灾现场局部图

火灾现场局部图是以火灾现场起火部位或起火点为中心，表现痕迹、物体相互间关系的一种图形。现场局部图根据需要可绘制成如下三种形式：

——局部平面图：以平面的形式表示现场内的物体、痕迹的位置及相互关系。
——局部平面展开图：平面展开图的表现方法，一般是由室内向外展开，设想将四面墙壁向外推倒，把立面与室内的平面图结合为一张图，便于集中反映内部的各种情况。局部展开平面图能清晰地记录垂直墙面上的烟熏、断裂等痕迹特征。
——局部剖面图：局部剖面图反映火灾现场内某部位或某物体内部的状况。

6.4.2.4 专项图

专项图主要是为配合火灾现场专项勘验而绘制的专项流程图、电气线路图、设备安装结构图等，帮助火灾调查人员分析火灾原因。

6.4.2.5 火灾现场平面复原图

火灾现场平面复原图是根据现场勘验和调查访问的结果，用平面图的形式把烧毁或炸毁的建筑物及室内的物品恢复到原貌，模拟火灾发生前的平面布局。平面复原图是其他形式复原图的基础和依据。

火灾现场平面复原图的基本内容如下：

——室内的设备和物品种类、数量及摆放位置，堆垛形式的物品，应加以编号并列表说明；

——起火部位及起火点。

应尽量按照原有的建筑平面图绘制火灾现场平面复原图。

6.4.2.6 火灾现场立体复原图和立体剖面复原图

火灾现场立体复原图是以轴测图或透视图的形式表示起火前(或起火时)起火点(部位)、尸体、痕迹物证等相关物体空间位置关系的图。

立体剖面复原图是在立体复原图的基础上，用几个假设的剖切平面，将部分遮挡室内布局的墙壁和屋盖切去，展示室内的结构及物品摆放情况的图形。

6.4.3 火灾现场制图的步骤

6.4.3.1 确定火灾现场范围

火灾调查人员应全面熟悉火灾现场的情况，认真巡视现场，明确火灾范围、火灾痕迹物证及重要物体的分布情况，确定绘制的重点。

6.4.3.2 制定绘图计划

火灾调查人员熟悉火灾现场情况后，应确定火灾现场图的种类、数量，并确定绘制的先后顺序。

6.4.3.3 确定标向和比例

用指南针确定现场方位，根据火灾现场图所反映的内容确定合适的比例。

6.4.3.4 选定参照物

室外火灾现场一般以现场中心部位为起点，采用极坐标系进行定位；室内火灾现场通常以某一墙角为起点，采用直角坐标系定位。

6.4.3.5 绘图

选定参照物后，应当绘制火灾现场图的草图，并根据现场勘验情况对草图核对、修改，确认无误后方可描图。

6.4.3.6 填写图题

填写发生火灾的时间、地点、绘图人等信息，由绘图人签名并由现场勘验指挥人审核签名，并注明绘图日期。

6.4.4 火灾现场制图的方法

6.4.4.1 示意图

示意图就是在现场所画的草图，可不按比例绘出，但必须将现场内物体的形状、位置标出，并用辅助线或箭头注明物体尺寸及相互间的距离等。

6.4.4.2 比例图

比例图以示意图为基础，按比例重新绘制，比例可根据火灾现场的实际情况选定。

6.4.4.3 多种比例结合图

在一张火灾现场图上可采用不同的比例，可将现场中心按一定比例绘制，而现场周围则缩小比例绘制；或现场中心较大的物体按比例绘制，较小物体不按比例绘出，并用图例符号标注。重要的火灾物证可用索引引出，并在详图中描绘。

6.5 火灾现场勘验笔录

6.5.1 火灾现场勘验笔录的基本形式和内容

6.5.1.1 绪论部分

该部分主要内容有：

——起火单位的名称；

——起火和发现起火的时间、地点；

——报警人的姓名、报警时间；

——当事人的姓名、职务；

——报警人、当事人发现起火的简要经过；

——现场勘验指挥员、勘验人员的姓名、职务；

——见证人的姓名、单位；

——勘验工作起始和结束的日期和时间；

——勘验范围和方法、气象条件等。

6.5.1.2 叙事部分

该部分主要写明在现场勘验过程中所发现的情况，主要包括：

——火灾现场位置和周围环境；

——火灾现场中被烧主体结构(建筑、堆场、设备)，结构内物质种类、数量及烧毁情况；

——物体倒塌、掉落的方向和层次；

——烟熏和各种燃烧痕迹的位置、特征；

——各种火源、热源的位置、状态，与周围可燃物的位置关系，以及周围可燃物的种类、数量及被烧状态，周围不燃物被烧程度和状态；

——电气系统情况；

——现场死伤人员的位置、姿态、性别、衣着、烧伤程度；

——人员伤亡和经济损失；

——疑似起火部位、起火点周围勘验所见情况；

——现场遗留物和其他痕迹的位置、特征；

——勘验时发现的反常现象。

6.5.1.3 结尾部分

结尾部分的内容为：

——提取火灾物证的名称、数量；

——勘验负责人、勘验人员、见证人签名；

——制作日期；

——制作人签名等。

6.5.2 火灾现场勘验笔录的制作方法

火灾现场勘验笔录的制作方法主要包括如下方面：

a） 在现场勘验过程中随手记录，待勘验工作结束后再整理正式笔录。现场勘验笔录应该由参加勘验的人员当场签名或盖章，正式笔录也应由参加现场勘验的人员签名或盖章。

b） 在现场勘验过程中所记录的笔录草稿是现场勘验的原始记录，修改后的正式笔录一式多份，其中一份与原始草稿笔录一并存入火灾调查档案，以便查证核实。

c） 多次勘验的现场，每次勘验都应制作补充笔录，并在笔录上写明再次勘验的理由。

d） 火灾现场勘验笔录一经有关人员签字盖章后便不能改动，笔录中的错误或遗漏之处，应另作补充笔录。

e） 火灾现场勘验笔录中应注明现场绘图的张数、种类，现场照片张数，现场摄像的情况，与绘图或照片配合说明的笔录应标注(在圆括号中注明绘图或照片的编号)。

6.5.3 制作火灾现场勘验笔录的注意事项

制作火灾现场勘验笔录应注意如下事项：

a） 内容客观准确；

b） 顺序合理：笔录记载的顺序应当与现场勘验的顺序一致，笔录记载的内容要有逻辑性，可按房间、部位、方向等分段描述，或在笔录中加入提示性的小标题；

c） 叙述简繁适当：与认定火灾原因、火灾责任有关的火灾痕迹物证应详细记录，也可用照片和绘图来补充；

d） 使用本专业的术语或通用语言。

7 询问

7.1 询问的原则

7.1.1 个别询问原则

对每个询问对象进行询问时，应当个别进行。

7.1.2 客观充分陈述原则

火灾调查人员应为被询问对象创造一个充分陈述的环境条件，使其能够客观、充分、不受任何干扰地陈述。

7.1.3 告知原则

火灾调查人员在询问时，应告知被询问人如实作证和陈述是每个公民应尽的义务，如果有意作伪证或者隐匿证据的，应承担相应的法律责任。

7.1.4 询问笔录应交于被询问人核对的原则

内容主要包括：

——对证人、受害人和火灾肇事人询问的笔录材料应当交本人核对，对于没有阅读能力的应向他们宣读；

——被询问人如果发现记载有遗漏或者差错，可以提出补充或者修正意见，当确认笔录没有错误时，应在笔录上签名或者盖章；

——被询问人要求自行书写陈述材料时,调查人员应准许。

7.2 询问的对象与内容

7.2.1 对受害人的询问

受害人是指合法权益受到火灾直接侵害的人。向受害人询问的内容有:

——用火用电、操作作业的详细过程;

——火灾发生前起火部位的情况,包括起火部位的基本情况,可燃物种类、数量与堆放状况,以及与火源或热源的距离等情况;

——起火过程及扑救情况;

——在火灾中受伤的身体部位及原因;

——受害人与外围人际关系。

7.2.2 对知情人的询问

7.2.2.1 对最先发现起火的人和报警人的询问

需要询问的内容主要包括:

a) 发现起火的时间、部位及火势蔓延的详细经过;

b) 起火时的特征和现象,如火焰和烟雾颜色变化、燃烧的速度、异常现象;

c) 发现火情后采取哪些措施,现场的变动,变化情况等;

d) 发现起火时还有何人在场,是否有可疑的人出入火灾现场;

e) 发现火灾时的环境条件,如气象情况、风向、风力等。

7.2.2.2 对最后离开起火部位或在场人员的询问

需要询问的内容主要包括:

a) 离开之前起火部位生产设备的运转情况,在场人员的具体活动内容及活动的位置;

b) 人员离开之前火源、电源处理情况;

c) 起火部位附近物品的种类、性质、数量;离开之前,是否有异常气味和响动等情况;

d) 最后离开起火部位的具体时间、路线、先后顺序。

7.2.2.3 对熟悉起火部位情况人的询问

需要询问的内容主要包括:

a) 建筑物的主体和平面布置,每个车间、房间的用途,以及车间的设备及室内设备情况等;

b) 火源、电源情况,如线路的敷设方式、检查、修理、改造情况;

c) 火源分布的部位及与可燃材料、物体的距离,有无不正常的情况;

d) 机械设备的性能,使用情况和发生故障的情况;

e) 起火部位存放的物资情况,包括种类、数量、性质、相互位置、储存条件等;

f) 防火安全状况,防火安全规定、制度的实际执行、有关制度的规定是否与工艺、新设备相适应等情况。

7.2.2.4 对最先到达火灾现场救火的人的询问

需要询问的内容主要包括:

a) 到达火灾现场时,冒火、冒烟的具体部位,火焰烟雾的颜色、气味等情况;

b) 火势蔓延到的位置和扑救过程;

c） 进入火灾现场、起火部位的具体路线；

d） 扑救过程中是否发现了可疑物品、痕迹及可疑人员等情况；

e） 灭火方式和过程。

7.2.2.5 对消防人员的询问

需要询问的内容主要包括：

a） 火灾现场基本情况（如最先冒烟冒火部位、塌落倒塌部位、燃烧最猛烈和终止的部位等）；

b） 燃烧特征（烟雾、火焰、颜色、气味、响声）；

c） 扑救情况（扑救措施、消防破拆情况等）；

d） 现场出现的异常反应，异常的气味、响声等；到达火灾现场时，门、窗关闭情况，有无强行进入的痕迹；

e） 现场设备、设施工作状况、损坏情况等；

f） 起火部位情况；

g） 是否发现非现场火源或放火遗留物；

h） 现场其他人员活动情况；

i） 现场抢救人情况；

j） 现场人员向其反映的有关情况；

k） 接火警时间、到达火灾现场时间；

l） 天气情况，如风力、风向情况。

7.2.3 对火灾肇事人的询问

需要询问的内容主要包括：

——用火用电、操作作业的详细过程；

——火灾当时及火灾发生前所在的位置、火灾前后的主要活动；

——起火部位起火物堆放的情况；

——起火过程及初期扑救情况；

——在火灾中受伤的身体部位及原因。

7.3 询问的步骤和方法

7.3.1 询问的步骤

7.3.1.1 确定被询问对象

被询问对象中受害人、报警人及扑救人员一般容易确定，而火灾知情人的确定较为困难。确定知情人的方法有：

——在现场周围围观的群众中寻找；

——在现场周围居住的人中寻找；

——在现场附近工作、学习及经营的人员中寻找；

——在当事人的社会关系中寻找。

7.3.1.2 熟悉和研究火灾情况

询问时应了解和掌握的火灾情况主要有：

——火灾基本情况；

——现场勘验情况。

7.3.1.3 拟定询问提纲

在正式询问前，调查人员要拟定询问提纲，对重要的被询问对象应拟定书面的询问提纲。拟定的询问提纲应包含的内容有：询问的目的、被询问对象、询问顺序、被询问对象的基本情况、询问的时间和地点、询问中可能出现的问题和困难等。

7.3.1.4 实施具体询问

具体询问工作按下列步骤进行：

a） 向被询问人讲明身份，出示证件，提出询问的目的；

b） 向被询问人讲明公民作证的义务，以及有意作伪证或者隐匿罪证应负的法律责任；

c） 让被询问人根据提问自由陈述；

d） 调查人员根据被询问人的陈述，提出应补充的情节问题，让被询问人做出补充回答；

e） 核对询问笔录，让被询问人在笔录上签名。

7.3.2 询问方法

7.3.2.1 对受害人及其他利害关系人的询问方法

询问时一般不必过多启发教育，可听其自由陈述，但应特别注意其陈述的语气、表情、用词等，分析是否有虚假陈述的一面。在陈述完毕后，还可让其复述一些重要情节或调查人员认为应当复述的问题，以此进一步判断陈述的真实程度。

7.3.2.2 对知情人的询问方法

询问知情人应当做好针对性的说服教育工作，采用恰当的方法、选择适合的环境，设法消除知情人拒绝合作的心理障碍。同时，建立行之有效的制度和物质保障，为知情人提供证言创造良好的大环境。

7.4 询问过程中应注意的问题

询问时应注意下列问题：

——进行询问时，询问人员应不少于两人；

——应当告知证人、受害人的权利、义务和责任；

——询问未满 16 岁的未成年人时，应当通知其父母或者其他监护人到场；

——如果所问的情况涉及被询问人的个人隐私时，有义务为其保密；

——询问中不得泄露案情或者表示自己对火灾的看法；

——对少数民族和外国人的询问应当聘请通晓少数民族语言和外国语的翻译人员；

——对聋哑人的询问，应当聘请通晓哑语的人进行翻译。

7.5 询问笔录的制作

询问笔录的结构包括开始、正文和结尾三个部分：

——开始部分。询问的地点，询问的时间；询问人的工作单位、姓名；被询问人的姓名、性别、年龄、身份证明、职业、民族、住址、工作单位、联系电话等情况。

——正文部分。正文部分记录的内容主要包括提问和回答的内容，特别是与火灾有关的人、事、物、时间、地点等要素一定要记录全面、客观、清楚、准确。

——结尾部分。询问结束后，应将笔录交给被询问对象阅读或向其宣读，在其核实无误后签名或者盖章、捺指印，拒绝签名或者捺指印的，调查人员应当在询问笔录上注明。如果笔录有遗漏或错误，被询问对象可以提出补充或修改。参加询问的调查人员、翻译人员也要在结尾部分签名。

7.6 对证言和陈述的审查

7.6.1 对证人证言的审查

7.6.1.1 对证人与当事人之间利害关系的审查

这种利害关系包括亲属关系、朋友关系以及存在的恩怨对立关系等。存在此类关系，可能会影响证人证言的客观真实性，并削弱该证言的证明力。

7.6.1.2 对影响证人证言主观因素的审查

审查内容包括证人的感知能力、记忆能力和表述能力等，判断是否可能影响其客观地提供证言。审查证人的主观因素(恐惧、紧张、激动、惊慌)对证言的客观真实性的影响，弄清有无妨碍其如实提供证言的因素和是否具备作证的能力。必要时，也可以聘请专门人员对证人的作证能力进行鉴定。

7.6.1.3 对影响证人证言客观因素的审查

充分考虑影响证人证言的客观因素，对可能影响证言真实性的因素，要认真鉴别，判断其在当时情况下，能否正确地感知与火灾有关的某种情况。必要时，应进行模拟实验加以验证。

7.6.1.4 对证言来源的审查

主要弄清证人所提供的证言是自己目睹的，还是听别人传说的。如果是证人直接听到或看到的，还应弄清其感知这些情况时的主客观条件。如果是听他人传说的，则应尽可能地向直接感知案件情况的人调查、核对，以判断有无失实的可能。凡是道听途说以及怀疑、猜测未经查证属实的，都不能作为认定火灾案件事实的证据。

7.6.1.5 对证言内容的审查

审查证言内容的基本方法就是分析证人所叙述的事实情节有无矛盾。当发现证言内容有矛盾和可疑之处时，应深入核查，将证人证言同案内其他证据进行综合研究，使之相互印证，分析它们是否协调一致，切实弄清其原因，以鉴别证言的真伪。

7.6.1.6 对证言与其他证据关系的审查

证言如果是真实的，其他证据也是真实的，它们应该具有一致性、统一性，不应存在矛盾。如果发现有矛盾，应分析出现矛盾的原因。如果排除了其他证据的不真实性，就可以肯定证言的不真实性。证言有部分不真实的，也有全部不真实的，应做具体分析。

7.6.2 对受害人陈述的审查

对受害人的陈述主要可以从以下方面进行审查：

——受害人与火灾责任人关系的审查；

——受害人感知、记忆和表达能力的审查；

——受害人陈述内容的审查；

——受害人陈述形成过程的审查。

7.6.3 对火灾肇事人陈述的审查

对火灾肇事人的陈述主要可以从以下方面进行审查：

——对陈述动机的审查；
——对陈述方式的审查；
——对火灾肇事人陈述与其他证据联系的审查。

8 火灾痕迹

8.1 概述

火灾痕迹是火灾后保存下来的可观测的物理、化学效应的现象，是火灾及其热辐射或烟气流动对物体作用的结果。识别、分析火灾痕迹就是通过寻找火灾现场中各种物体上被火灾作用后所形成的各种燃烧痕迹，并对这些痕迹的关联性和证明性进行归纳、总结，从而确认起火部位和起火点的过程。

由于建筑物的结构形式、可燃物类型、可燃物荷载、引燃因素、通风条件、环境条件以及其他许多可变因素的不同，使得每个火灾的痕迹特征都不完全相同。因此，本标准中不可能涉及全部的火灾痕迹及其形成原因，而是只包括一些基本的痕迹和确认原则，火灾调查人员可参考这些基本原则来进行火灾调查。

8.2 火灾痕迹的类型

根据分类方式不同，可将火灾痕迹分为如下类型：

a） 根据证明作用分为：证明起火部位和起火点的痕迹；证明火灾蔓延的痕迹；证明起火原因的痕迹；证明火灾性质的痕迹。

b） 根据形成痕迹的物体分为：可燃（易燃）物质形成的痕迹和不燃（难燃）物质形成的痕迹，如玻璃形成的痕迹、金属形成的痕迹、木材形成的痕迹、可燃液体痕迹等。

c） 根据现场勘验实际需要分为：炭化痕迹、灰化痕迹、烟熏痕迹、倒塌痕迹、燃烧图痕（图痕）、熔化痕迹、变色痕迹、变形痕迹、开裂痕迹、电热熔痕、摩擦痕迹、分离移位痕迹、人体烧伤痕迹、计时记录痕迹等。

d） 根据火灾动力学原理分为：

——蔓延痕迹（移动痕迹）：火焰和热量在传播、扩大和蔓延过程中，尤其是在火灾初始阶段，由起火点向周围可燃材料蔓延时，可以在可燃材料和不燃材料上形成可以表明火源方向的痕迹特征。

——强度（温度）痕迹：物体在各种高温热效应作用下所形成的痕迹。物体被烧后，在其表面上通常能够产生可以表征温度强度差别的明显的分界线，火灾调查人员根据这些分界线可以初步确定被烧物质的特性、数量以及火灾传播的方向。

8.3 火灾痕迹的形成

8.3.1 火羽流产生的痕迹

室内可燃材料燃烧形成的火羽流在上升过程中，火羽流的顶部会被屋顶或其他上部物体阻挡，而火羽流的侧面也会被墙壁、柜子等垂直物体表面阻挡，从而变成顶部或侧面被截掉的立体锥形，锥形体的边界就形成了火灾痕迹。

火羽流产生的火灾痕迹主要包括：

——V 形火灾痕迹；
——U 形火灾痕迹；
——倒锥形火灾痕迹；

——沙漏形火灾痕迹；

——箭头形火灾痕迹；

——环形火灾痕迹。

8.3.1.1 火羽流温度对痕迹的影响

火羽流温度对痕迹的影响主要表现为：

——当火羽流温度接近或稍高于所接触到物体的分解温度时，物体表面上形成的痕迹最明显；

——当火羽流温度低于该物体的分解温度时，物体表面上形成的痕迹主要是烟熏痕迹；

——当火羽流温度远远高于物体的分解温度时，物体会被严重烧毁，从而使得已经形成的痕迹又被破坏。

8.3.1.2 热释放速率对痕迹的影响

热释放速率对痕迹的影响主要表现为：

——热释放速率低的材料燃烧形成的火羽流高度比较低，往往达不到天花板的高度，此时形成的痕迹为下部形状与火焰的底部形状相似的下大上小的倒锥形或沙漏形痕迹；

——热释放速率高的材料燃烧时，火灾痕迹往往呈现为边界可以围成一个柱状并在底部呈现为环形的痕迹特征。

8.3.1.3 火源底部面积对痕迹的影响

火羽流的宽度跟火源底部的大小有关，并且随着火势的发展，火羽流的宽度会逐渐变大。小面积火焰产生狭窄的痕迹，大面积火焰形成较宽的痕迹（如图 7 所示）。

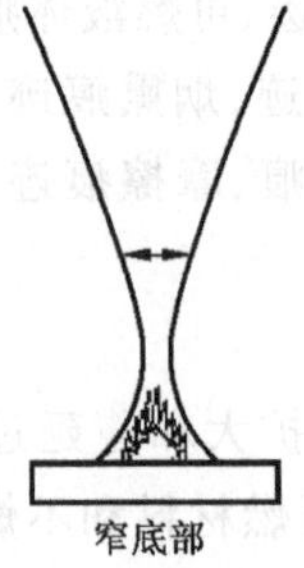

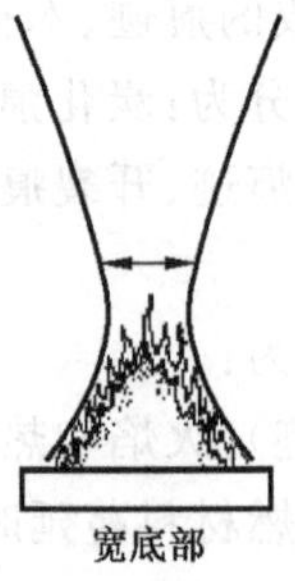

图 7 火源底部的面积对火灾痕迹宽度的影响

8.3.1.4 可燃物对痕迹的影响

可燃物较少时，由于火焰较小，会首先形成倒锥形火灾痕迹。随着参与燃烧的可燃物的增多，火势也进一步扩大，初期形成的倒锥形火灾痕迹通常被后来形成的柱形痕迹所遮盖，柱形火灾痕迹又会变为 V 型痕迹。

8.3.2 通风对火灾痕迹的影响

8.3.2.1 空间密闭时，火灾中如果门是关闭状态，较轻的热烟气能够通过上部门缝向外逸出，使门缝处发生炭化。冷空气可以从门底部缝隙进入房间（如图 8 所示）。当热烟气从上向下扩散并充满到地面而使整个房间起火时，热烟气才可以从门下缝隙中逸出，从而引起门底部或门槛炭化（如图 9 所示）。但是，当上部燃烧的物体掉落在门的内、外侧时也可以使门出现部分炭化（如图 10 所示）。

8.3.2.2 良好的通风条件为燃烧提供了充足的空气，从而提高可燃物燃烧的热释放速率，并产生更高

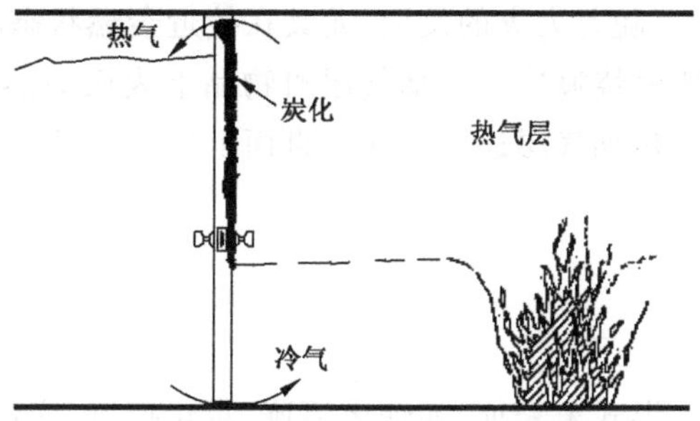

图 8 门缝隙空气的流动

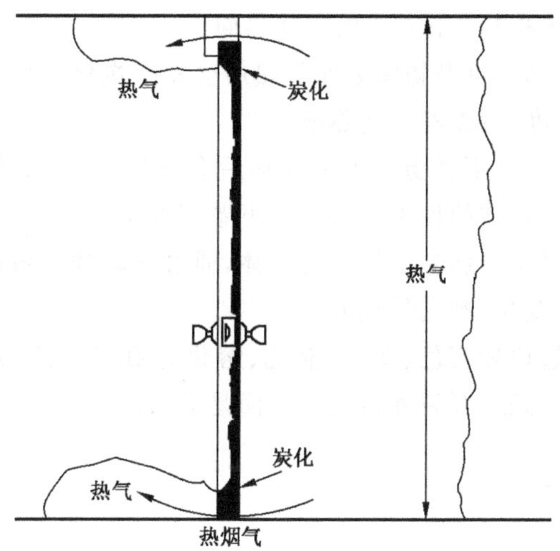

图 9 从门下缝隙逸出的热气体

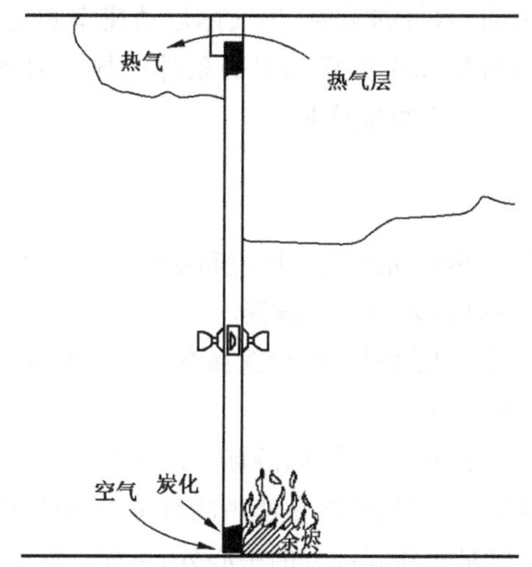

图 10 掉落在门底部的余烬

的温度，加速木材的燃烧、混凝土剥落以及金属构件变形。因此，不能仅仅根据燃烧程度的轻重来认定起火点，有时燃烧程度重的部位是由于通风造成的。

8.3.3 热烟气层形成的痕迹

房间顶部积聚的热烟气层的辐射热能够作用到房间内的物品的上表面并形成燃烧痕迹。此时，物品仅仅是局部烟熏、炭化或熔化。随着火灾的发展，尤其在接近轰燃状态时，热烟气层厚度增加，甚至还可以作用到地面上的物品并形成燃烧痕迹。热烟气层对物品上表面的热辐射作用往往比较均匀，而物品的下表面往往不会受到影响。热烟气层还可以在垂直面上形成一条表示热气层下边界的分界线。

8.4 火灾痕迹的鉴别方法

8.4.1 划定分界线

所有痕迹都可以用分界线的形式来表征，如烟熏痕迹、炭化痕迹、变色痕迹、剥落痕迹、熔化痕迹等。

8.4.2 确定受热面

根据物体性质的不同，可以采用如下方法确定受热面：

a） 可燃物体受热面的鉴别。可燃物体表面受热后会发生炭化和外观形状上的变化，根据测定炭化深度和比较烧损程度，可以确定受热面。

b） 不燃物体受热面的鉴别。不燃物体表面受热后会发生变色、变形、脱落、开裂、熔化等形态和形状的变化，根据不燃物体的种类可采用如下鉴别方法：

——对混凝土、钢筋混凝土和黏土等不燃物体，通过比较物体各面在火灾作用后发生的变色、起鼓和开裂痕迹变化，判定受热面。

——对金属物体，通过比较变色、变形、氧化、熔化等痕迹特征，判定受热面。对于金属容器，一般情况下发生膨胀、开裂和熔化的一面是受热面。

8.4.3 鉴别物品被烧轻重程度

8.4.3.1 木材炭化

8.4.3.1.1 炭化速率

炭化速率与木材种类、木纹朝向、木材的湿度、热气体运动速率和通风条件有关。木材的炭化速率是在实验室的实验炉中测得的，不可能和火灾现场中的条件一样。因此，使用炭化特性确定火灾原因时，应当考虑到能够影响炭化速率的所有可能变量。

8.4.3.1.2 炭化深度

根据炭化深度，可以确定物质受热时间的相对长短和受热温度的相对大小，并可以确定火势蔓延的方向。利用炭化深度分析火灾痕迹时宜采用如下步骤：

a） 测量炭化深度。保持测量方法的同一性和选择合适的测量工具是得到准确测量数值的关键。测量炭化深度时应注意如下事项：

——应选择专用的炭化深度测量工具，如游标卡尺或炭化深度测定仪；

——应使用同一个测量工具，而且每次在使用测量工具时的用力应尽量相同；

——测量的位置应当选取炭化隆起部分的中心处，不能在隆起部分之间的裂缝处（如图 11 所示）；

——确定炭化深度时，应考虑到被火烧失掉的部分，并将该部分的深度加到测量的深度上，总和为实际炭化深度值；

——应选择相同材质和形状的测量对象进行比较，材质和形状不同时，没有可比性；

——应考虑到通风因素对燃烧速率的影响。靠近通风口或热气体逸出缝隙的木材能够出现较深的炭化痕迹。

b） 制作炭化深度示意图。绘制被测物体的平面图（或立体图），然后将炭化深度测量数值标在被测的部位上，再将所有炭化深度值相同（或近似）的点连起来画线，就可以得出炭化分界线，该分界线也称为等同炭化线。等同炭化线比较适合对平面材料的炭化深度的分析。

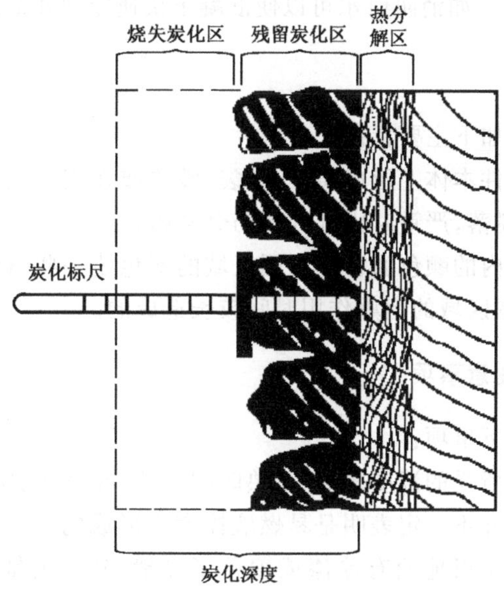

图 11　炭化深度的测量

8.4.3.1.3　应用炭化痕迹的注意事项

在应用炭化痕迹时需要注意如下问题：

a）木材表面炭化后所呈现的颜色有的黯淡，有的光亮，有的龟裂纹大，有的龟裂纹小。对于颜色的变化和裂纹深度的大小，不能证明是由助燃剂的明火燃烧形成的。

b）仅仅根据炭化深度并不能准确的确定燃烧时间。木材的炭化深度和炭化速率还和下列因素有关：

——加热速率和加热时间；

——通风条件；

——面积质量比；

——木材纹理的方向、朝向和大小；

——木材品种；

——湿度；

——表面涂层的性质。

8.4.3.2　混凝土构件剥落

8.4.3.2.1　剥落的原因

剥落原因主要包括：

a）火灾高温作用，内部出现大小不等的应力变化而造成表面附着力和抗拉强度降低，从而形成剥落痕迹。混凝土构件内部产生应力的原因与下列因素有关：

——混凝土中水分的蒸发；

——混凝土中的加强钢筋或钢网与周围混凝土之间的膨胀系数不同；

——混凝土中的水泥和集料（砂子或碎石）的膨胀系数不同；

——颗粒度不同而造成的不同膨胀速率；

——内外温差而导致的不同膨胀速率。

b） 受到自身重量的作用也会出现局部剥落。

c） 其他原因造成的剥落。如消防射水可以使混凝土快速冷却并造成剥落。

8.4.3.2.2 **剥落痕迹的特征**

混凝土构件剥落痕迹具有如下主要特征：

——结构变化。混凝土构件本体上形成裂纹、破裂、破碎或在表面上形成凹坑，凹坑中有清楚的条纹线，表面材料局部脱落，严重时内部的钢筋会暴露。

——颜色变化。剥落区域内的颜色通常比周围区域的颜色淡一些，这主要是剥落后的区域再次被烟熏的时间短，而周围区域的烟熏作用时间较长造成的。

8.4.3.2.3 **分析剥落痕迹的注意事项**

分析剥落痕迹时应注意如下事项：

——剥落通常表明该部位所受的温度较高，受热时间较长，或该处物品的热释放速率较大。

——混凝土构件局部剥落并不一定表明是易燃液体燃烧形成的。当地面不平整，有凹坑时容易在该处形成剥落痕迹，而当地面有涂漆或覆盖了光滑、致密的铺地材料时就不容易形成剥落痕迹。

——除了高温作用外，其他原因也可能造成剥落。另外，还要确定该剥落是否是火灾之前就存在的。

8.4.3.3 **玻璃破坏**

8.4.3.3.1 **玻璃破坏的原因**

火灾现场中玻璃破坏的原因主要和以下因素有关：

a） 温差作用。以下温差形式可以造成玻璃破坏：当玻璃边缘受到窗框的保护时，玻璃的边缘可以免受辐射热的作用，从而使被保护的边缘和未受保护的部分之间会出现温度差，当玻璃中心和边缘之间的温度差到 70 ℃时就会引起玻璃边缘出现裂纹，甚至破碎；玻璃受到突然冷却，如向玻璃喷水时可以造成破坏。

b） 爆燃或爆炸等强压力能使玻璃破坏。建筑物火灾中，由火灾形成的压力通常不足以使窗玻璃破碎或使它们从窗框中脱落。要使普通窗玻璃破碎需要的压力在 2.07 kPa～6.90 kPa 范围内，而火灾产生的压力通常在 0.014 kPa～0.028 kPa 范围内。当火灾过程中出现过压时，例如出现爆燃或燃气爆炸等产生的强压力，可以使玻璃破碎，碎块往往分布在距窗户一定距离的范围内。

c） 外力破坏作用可以造成玻璃的破坏。

8.4.3.3.2 **玻璃破坏的特征**

玻璃破坏的特征主要包括：

a） 热炸裂痕迹。热炸裂痕迹可分为：

——当玻璃被固定在边框中时，由于边框的保护作用，裂纹从固定边框的边角开始形成，裂纹呈树枝状或相互交联呈龟背纹状，裂纹扩大可以使玻璃破碎。碎块没有固定形状，表面平直、边缘不齐，很少有锐利，有的边缘呈圆形、曲度大，用手触摸易被划割，有烟迹。

——当玻璃边缘没有受到保护时，热辐射作用到整个玻璃上，只有当玻璃在较高的温差下才可能开裂。研究试验表明，该种情况下，玻璃上只是形成几条裂纹，基本上能保持玻璃的整体形状而不掉落下来。

b） 热变形痕迹。热变形痕迹可分为如下两种形式：

——软化痕迹：软化变形痕迹表面呈曲线，碎块有卷起、凸凹不平、边缘光滑；

——熔化痕迹：熔化痕迹完全失去原来形状，呈不规则球状体、条状形态、有多层粘接，边缘呈现一定弧度，无锐角，表面光滑发亮。

c） 外力破坏痕迹。外力打击的玻璃裂纹一般呈放射状，碎块呈尖刀形、锐利、边缘整齐平直、曲度小。火灾前打碎的玻璃碎片朝地一面无烟痕，火灾中打碎的玻璃碎片其内侧有烟痕。

8.4.3.4 金属物体受热变化

8.4.3.4.1 氧化变色

氧化作用会使金属物体发生颜色变化和结构变化，并形成界线明显的痕迹。火灾现场温度越高，物体受热作用时间越长，氧化的效应就越明显。

不同的金属有如下不同的变色特征：

a） 对于没有涂层的钢铁，在火中氧化时，表面首先变成无光泽的蓝灰色，进一步的氧化还可以使厚的氧化层剥落。火灾之后，受潮的钢铁就会形成锈色氧化物。

b） 对于有镀锌层的钢铁，氧化可以使镀锌层变成灰白色，从而使锌失去了对钢的保护作用，如果钢再受潮一段时间后就会生锈，最后形成生锈和不生锈的分界线。

c） 不锈钢表面受到高温作用时，首先是氧化形成变色条纹，进一步氧化将形成无光泽的灰色。

d） 铜受热时会形成黑红色或黑色的氧化物。铜氧化的最主要的特征不是颜色的变化，而是能够形成分界线，而且氧化层的厚度能够表明温度的高低，受热温度越高，氧化层越厚。

8.4.3.4.2 熔化

金属受热温度达到其熔点时会发生熔化，熔化过程中，形成金属熔滴、熔瘤、冷却后形成不同形状的熔化痕迹。熔化痕迹具有如下作用：

——确定火灾现场的温度；

——解释金属合金化现象。

8.4.3.4.3 膨胀和变形

金属物体受高温作用会暂时的或永久性的膨胀变形，在非受限条件下，钢结构的弯曲程度与钢体所承受的负载、受热时间和受热温度成正比。对于受限条件下的固定的钢梁，热膨胀是造成钢梁弯曲的主要因素。金属的热膨胀系数越大，受热变形的趋势也越大。在某些情况下，金属梁受热伸长能够对墙体造成破坏。

8.5 火灾图痕

8.5.1 概述

由于火灾痕迹的形成机理和规律性特征非常复杂，对本标准中所列举的痕迹的形成过程的解释可能不是唯一的。本标准中只列出了几种常见的火灾图痕加以解释。

8.5.2 清洁燃烧痕迹

清洁燃烧痕迹是烟熏痕迹的一种，火焰直接作用或强辐射加热通常能使火灾初期在壁面上形成的烟熏痕迹被进一步燃烧，而使得这部分烟熏痕迹被燃烧干净并呈现出壁面本来的颜色，这种痕迹称为清洁燃烧痕迹。

解释清洁燃烧痕迹时应注意如下事项：

a） 清洁燃烧现象虽然能够呈现局部被烧严重的现象，但清洁燃烧区所对应的位置本身不一定表示起火部位。火灾调查人员可以根据清洁燃烧区和烟尘区之间的分界线来确定火灾传播方向、燃烧强度或燃烧时间的差别。

b） 清洁燃烧区和剥落区是两种燃烧痕迹现象，形成清洁燃烧痕迹的物体表面并不损失，而形成剥落燃烧痕迹的物体表面要发生结构的变化。

8.5.3 热阴影痕迹

当辐射热、对流热或火焰的传播被一个物体遮挡时，在遮挡物背火面后的物体上会形成遮挡物的轮廓，该轮廓形状称为热阴影。如靠墙的家具可以阻挡热作用，从而在墙壁上形成家具的外形轮廓。热阴影痕迹可以表明物体在火灾期间所处的位置和形状，有助于火灾调查人员再现起火过程。

8.5.4 受保护痕迹

当一个物体上面有另一个物体时，上面的物体阻挡了火灾的热作用而使下面的物体免受火灾的热作用，此时在下面的物体上会形成和上面物体外形相似的区域，该区域称为受保护区域。如地面上放置的家具、堆放的货物等，此时被这些物品覆盖的地面上就会受到保护。火灾现场勘验时，清理干净这些覆盖物后，在地面上会形成这些物品原始形状的轮廓。受保护区域的形成原理和热阴影的形成原理一样。通过分析受保护区域的痕迹，可以有助于火灾调查人员再现火灾现场，确定火灾前物品的相对位置。

8.5.5 V字形痕迹

V字形痕迹是由火焰、火灾热气体的对流热或辐射热形成的。V字形痕迹的区域是根据物体上受热轻重的程度区别，用分界线来表示的。

V字形痕迹的开口角度并不表明火灾发展的速度，即开口宽的V字形并不表示火灾发展缓慢，而开口小的V形也并不表示火灾发展迅速。

V字形痕迹的开口角度和下列因素有关：

——可燃材料的热释放率（HRR）和几何外形；

——通风条件；

——V字形载体的可燃特性；

——V字形载体上部水平面的高度，例如天花板、桌子顶面等水平面的阻挡位置高度。

8.5.6 倒锥体痕迹（倒V字形痕迹）

倒锥体痕迹通常是由于火羽在上升过程中，没有受到上部水平物体阻挡而形成的。倒锥体痕迹可以表明火灾燃烧时间很短，火羽还没达到天花板时就终止了。由于倒锥体痕迹常常出现在不燃物的表面上，因此，不容易扩散到附近的可燃物上形成进一步的蔓延扩大。根据倒锥体痕迹形成的原因，可以推断出燃烧的快慢程度。

倒锥体痕迹形成的主要原因是由于燃烧物的燃烧时间短，与热释放速率没有关系。

8.5.7 U字形痕迹

U字形痕迹和V字形痕迹的形成过程相似，只是分界线的下部是缓慢弯曲而不是呈角度弯曲。U字形痕迹是由辐射热作用到一个垂直体表面上形成的，相对于形成V字形痕迹的垂直面而言，形成U字形痕迹时，被辐射的垂直体距离火源要远些，而且U字形痕迹的弯曲最低点比V字形痕迹的最低点距离火源更高些（如图12所示）。

U 字形痕迹与 V 字形痕迹的外形相似,对其进行分析时,要注意 U 字形痕迹顶点高度和 V 字形痕迹顶点高度之间的差别。如果相同热源形成两种痕迹,那么具有较低顶点的痕迹更靠近热源。

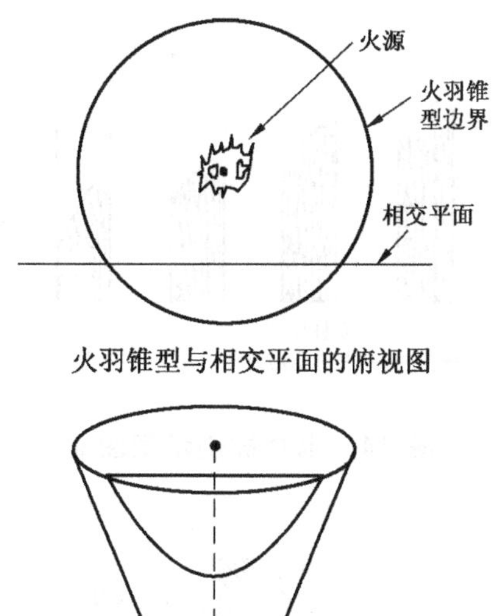

图 12　U 形痕迹形成的示意图

8.5.8　截锥体痕迹

截锥体痕迹是显示在水平表面和垂直表面上的三维火灾痕迹,正是这些垂直表面和水平表面对火羽的锥形或沙漏形在水平方向的隔断或在垂直方向的相切就形成了如图所示的痕迹。很多火灾运动痕迹,例如 V 字形痕迹,U 字形痕迹和圆形痕迹都是由于火灾产生的温度场的三维“锥体”形状变化而成的(如图 13 所示)。

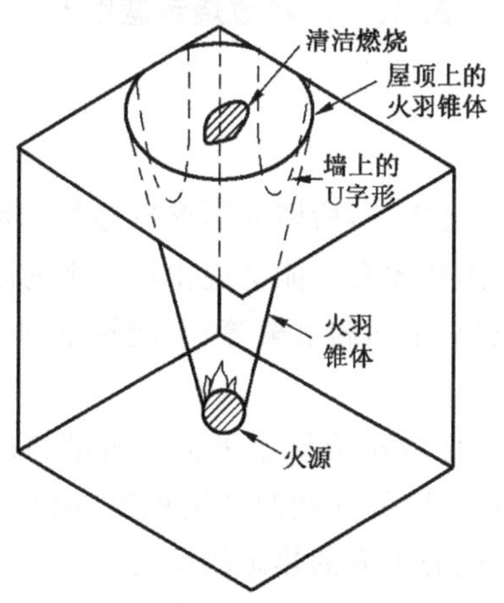

图 13　截锥体痕迹形成过程的示意图

8.5.9　楔形痕迹

这类火灾痕迹通常会在长条形可燃物体上形成,例如木柱或木板条上。根据火灾后残存的木结构的高度和烧损的形状,可以确定出火势传播的路线和方向,进而找到引火源,如烧失部分的斜坡形状和锐角尖端朝向火源。木结构残存的长度越短、炭化越严重的部位就越靠近点火源,残存长度与火源的距离有关,距离火源越远,木结构残存长度越长,反之亦然(如图 14、图 15 所示)。

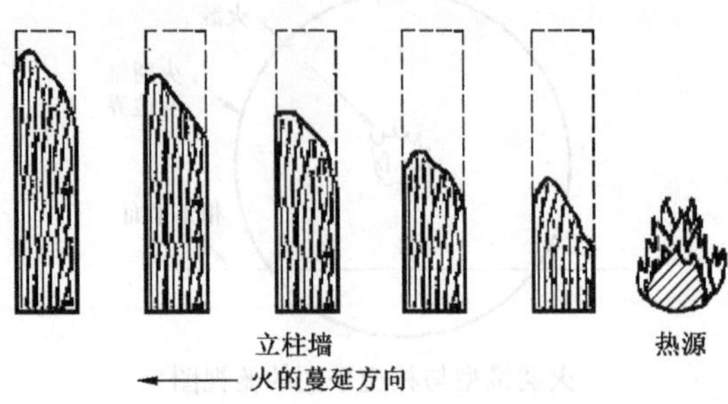

图 14 木材被烧示意图 a

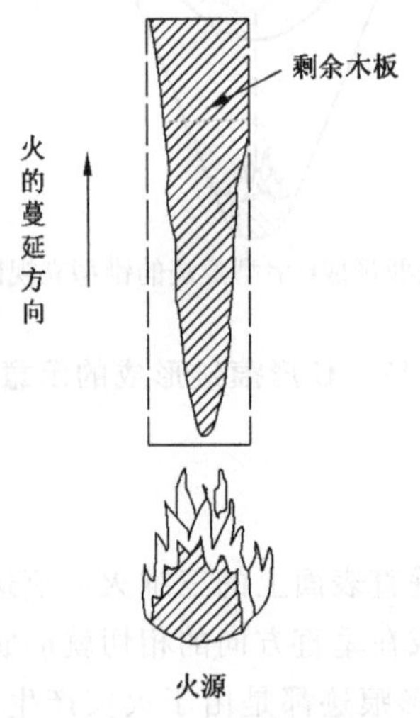

图 15 木材被烧示意图 b

8.5.10 圆形痕迹

圆形痕迹是火灾现场中常见的痕迹之一,所谓的圆形痕迹并不是真正的圆形,只是近似圆形。但当受到圆形物体保护时,被保护区域的形状才有可能呈现比较规则的圆形。

有些平面物体的下表面(如天花板、桌面和书架等)上能够呈现大致的圆形火灾痕迹,热源越集中,痕迹形状越圆或越接近圆形。

当阻挡热气体和火羽流的水平表面较小或该水平面靠近墙体时,会在水平面上形成半圆形痕迹。圆形痕迹的中心区域的被烧程度要重于圆的外侧的被烧程度,如炭化深度大,剥落严重。现场勘验时,可以根据圆形痕迹的中心位置,确定圆心下方的热源的情况。

8.5.11 液体流淌痕迹

8.5.11.1 概述

根据易燃液体泼洒的方式、用量以及地面的平整程度不同,液体流淌痕迹有拖尾痕迹、圆环痕迹、不规则痕迹等几种形式。但由于其他一些物品燃烧时也可能形成类似的痕迹,因此,不能仅根据痕迹特征判定是有易燃液体燃烧形成,应提取样品,送火灾物证鉴定机构进行检测。

8.5.11.2 **拖尾痕迹(线形痕迹)**

在很多放火火灾中,易燃液体被故意从一个地方向另一个地方泼洒,从而起到扩大燃烧范围或导火索的延时作用,这种形成拖长的火灾痕迹被称为拖尾。拖尾痕迹往往呈现线形或长条形的痕迹特征,因此有时也称为线形痕迹。如沿着地面将多个独立的火点连接起来,或沿着楼梯向上将火从一层楼向上一层楼连接。形成拖尾痕迹所用的燃料可以是易燃液体也可能是可燃固体。

8.5.11.3 **圆环形火灾痕迹**

当地面非常平整时,地面上的易燃液体比较集中,并均匀向四周扩散,液体所形成的状态非常近似于圆形。此时易燃液体在燃烧时,由于液体可以对中心部位产生冷却作用,而环形周围的火焰可以使地板或地板覆盖物产生炭化,从而形成圆环形火灾痕迹。在燃烧物较少的区域上,如果有一个清楚的大致环形的燃烧痕迹时,表明很可能是由易燃液体燃烧形成的。

8.5.11.4 **不规则痕迹**

当地面不平整时,地面上的易燃液体会向凹处和低处流淌,形成不规则的流淌痕迹。不规则痕迹的外边缘轮廓线将痕迹内燃烧程度较重的区域和轮廓线以外的燃烧程度较轻的区域分割开来。

对于不规则痕迹,不能简单地认定为是由可燃液体燃烧形成的。在发生轰燃燃烧、燃烧时间很长或建筑物倒塌等情况时,即使没有易燃液体参与燃烧,也常常可以发现类似易燃液体燃烧的痕迹形状。另外,熔化成液体并持续燃烧的塑料制品、掉落的可燃物也可以在地面上尤其是木制地面上形成不规则的痕迹。

9 物证

9.1 概述

物证是指以其属性、外部形态、空间位置等客观存在的特征来证明或排除某一特定事实或结论的实物或痕迹。物证具有较强的客观性、稳定性。

火灾现场勘验过程中发现对火灾事实有证明作用或排除作用的痕迹、物品,以及可以识别死者身份的物品都应及时固定、提取。

现场提取物证时,火灾现场勘验人员不得少于二人并应当有见证人在场。

9.2 物证提取

9.2.1 物证提取的方法

火灾物证的提取应遵循火灾现场勘验程序和 GB/T 20162 的规定进行。提取方法要考虑到物证本身的特性,包括:

——物理状态:固体、液体还是气体;

——物理特征:物证的大小、形状和重量;

——易碎性:物证是否容易被打碎、破坏;

——挥发性:物证是否容易挥发。

9.2.2 物证提取的记录

在提取物证之前应当做好记录,包括文字、测量数据、照片等,并且应填写“火灾痕迹物品提取清单”,由提取人和见证人签名。

9.2.3 助燃剂物证提取

9.2.3.1 物证存留形式

由于液体助燃剂自身的特性，在火灾现场中往往会以如下形式存留下来：

——被地面、室内家具和火灾现场残留物所吸收；

——液体助燃剂遇水通常会漂在水面上(注：乙醇除外)；

——液体助燃剂易被多孔物质所吸附。

9.2.3.2 液体样品的提取

提取液体助燃剂的常用方法包括：

——用干净的注射器、点滴器、胶管、虹吸装置或者物证容器提取；

——用医用脱脂棉球或棉纱吸收水面上漂浮的液体助燃剂，并将其放入密封容器。

9.2.3.3 固体样品的提取

火灾现场中的液体助燃剂经常被铺地材料吸收从而得以存留下来。固体样品的提取方法主要包括：

——泥土、沙石等固体物证可以通过挖、砍、锯或敲等方法直接提取。

——木头、瓷砖、立柱底部的边缘、接缝、钉眼、缝隙等位置都是较好的取样部位。对于土壤和沙子等固体物质，液体助燃剂可以渗透到较深的位置，因此在提取这类物证时要挖到较深处。

——对于吸附性强的多孔材料如水泥地板等，除常用的敲碎提取法外，还可以用石灰，硅藻土或未加发酵粉的面粉等吸收材料吸附。操作方法是将吸收材料撒在水泥地面上，保持 20 min～30 min 后，将这些吸收材料密封于干净的容器内。

9.2.3.4 烟尘样品的提取

通过分析烟尘成分来确定原来的可燃物或者助燃剂种类时，要提取烟尘作为检材，提取烟尘样品可直接提取附着烟尘的物体，或用脱脂棉擦拭提取。这些烟尘样品包括：

——起火部位处的门、窗、柜上的玻璃碎片附着烟尘；

——起火点上方的墙壁、陶瓷和金属架或者其他固体上附着烟尘；

——尸体鼻腔、气管和肺腔表面上的烟尘。

9.2.3.5 助燃剂物证的污染

如果灭火过程中使用了燃油动力设备，或为这些设备添加过燃油，就有可能使该位置的物证造成污染。灭火消防队员应当采取必要的措施将污染的可能性降至最低，当有可能存在污染的时候，应告知火灾调查人员。

火灾调查人员在每次提取物证时都应使用未被污染过的容器盛放物证，并且该容器在保管和运输过程中不应被打开。

为防止交叉污染，火灾调查人员应戴一次性手套或把手放在塑料袋内提取液体和固体助燃剂物证。每次的液体和固体助燃剂物证提取过程中都应使用新的手套或袋子。

提取过程中防止污染的方法是使用物证容器本身做提取工具。例如，可用金属罐盖挖取物证样品，然后置于金属罐内，消除来自火灾调查人员的手、手套或工具带来的交叉污染。同样，在每一次液体或固体助燃剂物证提取后，火灾调查人员所用的所有提取工具和火灾现场清理仪器装备如扫把、铲子等工具都应进行彻底清洗以防止交叉污染。

9.2.4 气体样品的提取

在某些火灾或爆炸事故调查过程中，尤其是与燃气有关的，应提取气体样品。

气体样品的提取方法主要有如下几种：

——用抽气泵或注射器将气体样品抽进气囊；

——用吸附性较强的碳棒或聚合物的吸收材料吸附并密封；

——用真空采样罐装置提取（一般和分析仪器配合使用）。

9.2.5 电气物证的提取

在对电气物证进行取样时，火灾调查人员应检查所有的电源是否已经关闭。

电气开关、插座、热电偶、继电器、接线盒、配电盘以及其他的电子仪器和部件，应尽量保持物证的原始状态，将其整体作为物证进行提取，尽量不破坏其整体结构。如果需要拆卸外壳时，建议不破坏其内部部件的结构和位置。若火灾调查人员需拆卸设备时，可以向专业人员寻求帮助，防止破坏设备或者部件。具体提取方法主要包括：

——提取导线熔痕时，应对其所在位置和有关情况进行说明，如该导线所连接的仪器设备、开关或保险装置以及设备和配电盘之间布线走向；

——提取导线熔痕时应注意查找对应点，并在距离熔痕 10 cm 处截取，如导体、金属构件等不足 10 cm 时应整体提取；

——提取导线接触不良痕迹时，应当重点检查电线、电缆接头处、铜铝接头、电器设备、仪表、接线盒和插头、插座等并按有关要求提取；

——提取短路迸溅熔痕时采用筛落法和水洗法。提取时注意查看金属构件、导线表面上的熔珠；

——提取绝缘放电痕迹时应当将导体和绝缘层一并提取，绝缘已经炭化的尽量完整提取；

——提取过负荷痕迹，应当在靠近火场边缘截取未被火烧的导线 2 m～5 m。

9.2.6 物证容器

9.2.6.1 概述

物证应当盛装在合适的容器中以便保存或送检。物证容器的选择要根据物证的物理、化学性质及尺寸等因素而定。且应保证盛装的物证不会发生任何变化或者污染。最常用的物证容器包括信封、纸袋、塑料袋、玻璃容器或金属罐，有时需要使用专用容器。火灾调查人员应当按照鉴定和检验物证的方法和步骤要求，选择合适的容器。

提取液体和固体助燃剂物证时，建议使用如下容器：金属罐、玻璃瓶、专用物证袋和普通塑料袋。盛装这类物证的容器密封性必须好，以避免物证的挥发损失。

9.2.6.2 金属罐

所用的金属罐应是未用过的，干净的。在盛装物证时，要在金属罐中留一定的蒸气空间，不要装满，建议不超过金属罐容积的 2/3。如果用金属罐保存较多的挥发性液体，例如汽油，温度过高时（超过 38 ℃）可产生较强的蒸气压，可以把盖子膨胀掀开，会造成样品损失，故应选用玻璃瓶。

9.2.6.3 玻璃瓶

玻璃瓶非常适合盛装液体和固体助燃物物证，但不能用密封酯或橡胶密封条以免造成污染或漏气。所装物证的体积应不超过玻璃瓶的 2/3，需为蒸气留有必要的空间。

9.2.6.4 专用物证袋

专门设计的盛装液体和固体助燃剂的物证袋，材质、大小、形状可根据盛装物证的性质任意选择。

9.2.6.5 普通塑料袋

普通塑料袋通常不用于盛装具有挥发性的物证，可用于盛装固体类残留物。

9.2.7 物证的标识

提取物证时，要进行标记或者贴上识别标签。推荐使用标明包括提取物证的人员姓名、提取日期和时间、物证的名称或者编号、物证描述、物证的位置及数量等内容的标签。这些内容可以直接写在容器上，也可以用事先打印好的标签贴在容器上。

9.3 物证的保管

在物证提取后，应当妥善保管。物证应当尽可能置于良好环境条件下保存，直至不再需要为止。要避免发生流失、污染和变化。热、光和潮湿是多数物证发生变化的主要诱因，因此要选择干燥和黑暗的环境条件，越凉爽越好。对于挥发性物证的保存，建议使用冷却设备。

9.4 物证的检验和鉴定

9.4.1 物证鉴定委托

需要进行技术鉴定的火灾痕迹、物品，由公安消防机构委托依法设立的物证鉴定机构进行技术鉴定。公安消防机构认为鉴定存在补充鉴定和重新鉴定情形之一的，应当委托补充鉴定或者重新鉴定。补充鉴定可以继续委托原鉴定人，重新鉴定应当另行委托鉴定人。

9.4.2 物证的运送方式

应将提取到的物证尽快送到鉴定机构进行鉴定。将物证送达鉴定机构实验室的方式可以由相关人员亲自送递，也可以邮寄或托运。

9.4.3 实验室的检验和鉴定

根据物证的特性和火灾现场的实际需要，对物证可以进行很多方面的检验和鉴定。物证检验应当遵循标准化的程序、方法和步骤。

9.4.4 检验和鉴定的方法

9.4.4.1 一般理化性质检验

火灾原因调查过程中一般需要进行理化性质检验内容主要有：

——红外光谱(IR)：依照某些化学物在特定的光波区域吸收红外光线的性质进行检验；

——原子吸收(AA)：用于检验金属、水泥或泥土等不挥发性物质的单一元素；

——X-荧光：根据元素对X-荧光的反应，对金属元素进行分析。

9.4.4.2 易燃液体助燃剂的鉴定

对火灾现场残留物样品中是否存在常见易燃液体助燃剂以及燃烧残留物进行鉴定。鉴定方法包括：紫外光谱法、薄层色谱法、气相色谱法、液相光谱法和气相色谱-质谱法。鉴定方法见GB/T 18294。

9.4.4.3 电气物证鉴定

对火灾现场的电气物证进行技术鉴定。主要为观察金属的显微组织特征,确定其熔化性质与火灾起因的关系。

电气火灾原因技术鉴定方法见 GB 16840。

9.4.4.4 热稳定性测定

用差热分析仪和(或)差示扫描量热仪评价物质热稳定性。

适用于评价固体、液体物质热稳定性。测定参数有起始发热温度、焓变(吸热和放热量)。该测定按照 GB/T 13464 进行。

9.4.4.5 闪点、燃点和自燃点参数测定

闪点、燃点和自燃点是判断、评价物质火灾危险性的重要指标之一。对这些参数的测定按照 GB/T 261、GB/T 267、GB/T 5208 和 GB/T 5332 进行。

9.4.4.6 其他物质燃烧性能测定

9.4.4.6.1 可燃气体爆炸极限

按照 GB/T 12474 对在一定温度、标准大气压下能形成可燃性混合气体的化学品进行最低和最高爆炸极限的测定。

9.4.4.6.2 氧弹热量计测定石油产品的燃烧热

按照 GB/T 384 测定石油产品热值。该方法可对精度要求较高的很多挥发性物质和不挥发性物质进行测定。

9.4.4.6.3 可燃粉尘的燃烧或爆炸性能测定

按照 GB/T 16425、GB/T 16426、GB/T 16428、GB/T 16429、GB/T 16430 和 GB/T 15929,对爆炸性粉尘的爆炸下限浓度、最小点火能、最低着火温度、爆炸压力和最大压力上升速率进行测定。

9.4.4.6.4 纺织品的燃烧性能

纺织品的各项燃烧性能可按照 GB/T 20390.1、GB/T 8746、GB/T 5455 和 GB/T 8745 进行测定。

9.4.4.6.5 塑料的燃烧性能

塑料的各项燃烧性能指标可按照 GB/T 2406、GB/T 2407、GB/T 2408、GB/T 823、GB/T 4610 进行测定。

9.4.4.6.6 软垫家具的燃烧性能

软垫家具的各项燃烧性能指标(包括耐香烟点燃性)可按照 GB 17927、GA 136 的规定进行测定。

9.4.4.6.7 铺地材料或地毯的可燃性

一定实验室条件下与点火源接触或热辐射时铺地材料或地毯的可燃性能可按照 GB/T 1049、GB/T 11785、GB/T 14768 进行测定。

9.4.4.6.8 建筑材料的燃烧特性的测定

建筑材料燃烧特性测定的相关国家标准有 GB 8624、GB/T 8625、GB/T 8626、GB/T 14402、GB/T 14403、GB/T 14523、GB/T 16172、GB/T 16173、GB/T 20284。其中 GB 8624 是建筑材料及制品燃烧性能分级的国家标准，是我国评价建筑材料防火安全性能的基础标准。GB/T 20284 主要用于测试建筑产品的对火反应性能，是 GB 8624 分级体系中引用的最重要的标准之一。

9.4.4.6.9 材料产烟毒性评价

对材料受热分解和燃烧过程中产生的烟气进行毒性评价，包括材料产烟的制取方法、动物染毒试验方法及材料产烟毒性危险分级要求，见 GB/T 20285。

9.4.5 样品量

样品量太少可能无法进行检验和实验，所以送检的样品量应足够多。委托鉴定前，火灾调查人员应按照 GB/T 20162，并可与鉴定机构的人员联系，以咨询鉴定所需要的量。

9.4.6 比对检验

比对检验是将待检试样与标准试样在相同鉴定条件下，比较其痕迹特征或比较某些性能参数，以认定其同一性。在比对检验中要特别注意操作条件的一致，确保检验结果的可比性。

9.4.7 分别检验

分别检验是对检材采用多种分析鉴定方法，通过各种指标的测定，从不同侧面对火灾物证进行分析鉴定的过程。火灾物证的分析鉴定几乎用上了所有的分析手段，包括化学分析、物理分析、近代仪器分析的各种方法。各种分析鉴定的结果是综合评断的客观依据，因此分析鉴定时应注意以下几个方面的问题：

a） 分析鉴定时一般要采用目前公认的标准分析鉴定方法，并且要采用多种方法进行检验，以便相互验证，确保检验结果的可靠性；
b） 为使分析鉴定结果更可靠，应做空白试验和对照试验等质量控制试验；
c） 要合理地使用检材，同一种检材要求尽可能多地检验几种物质，并且前一步试验不影响后一步试验的进行。

9.4.8 综合鉴定结论

根据各种理化检验结果，在对各种测试结果合乎逻辑解释的基础上，结合火灾现场情况做出综合鉴定结论。

结论用语应简明扼要，客观准确，不能模糊不清或模棱两可。综合鉴定结论分为：

a） “相同”：当检材与标样之间主要成分或主要特征一致，而其他一些外部特征的差异可根据案情做出合理的解释时，可作“相同”的结论。
b） “不相同”：如果检材与标样之间的一个或几个主要特征存在本质的差异，即使外部某些特征偶尔相符，也要做“不相同”的结论。
c） “同一”：如果检材与标样之间的成分、理化性质相同，其他的特征（如特殊的杂质、痕迹等）也相符时，可做“同一”的结论。如果考虑到火灾物证的组成十分复杂，某些偶然性难以排除时，可不做“同一”的结论，而做“一致”的结论。
d） “检出”：若对检材的某一组分进行鉴定时，若检样与标样之间的理化性质相同，可做“检出某组分”的结论。

e）“未检出”：对检材的某一组分鉴定时，若鉴定结果呈现“负性”，可做“未检出”的结论。并不能说那种组分一定不存在，很可能是该组分含量低或分析方法的灵敏度不够或有干扰等而未能检出。

10 起火原因认定

10.1 分析认定起火方式

10.1.1 阴燃起火

阴燃起火具有如下特征：

——物质燃烧不充分，发烟量大，在现场往往能够形成浓重的烟熏痕迹；

——起火点处经历了长时间的阴燃受热过程，容易形成以起火点为中心的炭化区；

——阴燃物质会产生烟气或者是水分蒸发而产生白色烟气，有的物质阴燃时会产生一些味道。

10.1.2 明火引燃

明火燃烧具有如下特征：

——可燃物燃烧比较完全，发烟量比较少；

——火灾现场中起火部位周围的物体受热时间差别不大，物质的烧毁程度相对均匀；

——容易产生明显的蔓延痕迹。

10.1.3 爆炸起火

爆炸起火具有如下特征：

——由于能量释放，往往伴随着爆炸的声音，同时迅速形成猛烈的火势；

——由于冲击波的破坏作用，常常导致设备和建筑物被摧毁，产生破损、坍塌等，其现场破坏程度比一般火灾更严重；

——爆炸中心处的破坏程度较重，容易形成明显的爆炸中心。

10.2 分析认定起火时间

10.2.1 根据证人证言分析认定

通过调查询问最先发现起火的人、报警人、接警人、当事人、扑救人员、火灾现场周围群众等人员，分析认定起火时间。

10.2.2 根据相关事物的反应分析认定

根据某些设备的反应状态或记录，可以用来分析起火时间。主要有：

——照明灯熄灭和用电设备的异常、停电时间；

——自动报警、自动灭火设施的报警及报警记录；

——摄像机及防盗报警装置的记录等。

10.2.3 根据建筑构件烧损程度分析认定

不同的建筑构件有不同的耐火极限，根据建筑构件的烧损程度，结合其耐火极限，可以判断这种构件的受热时间，进而分析起火时间。

10.2.4 根据通电时间或点火时间分析认定

由电热器具引起的火灾，其起火时间可以通过通电时间、电热器种类、被烤着物种类来分析判定。

火炉、火炕等烤燃可燃物引起的火灾，可以根据火炉、火坑等点火时间和被烤着物质的种类作为基础，分析起火时间。蜡烛、蚊香引起的火灾，可以根据点着时间分析起火时间。

10.2.5 根据中心现场尸体死亡时间分析认定

如果中心现场存在尸体，可以利用死者死亡的时间分析起火时间。例如根据死者到达事故现场的时间，进行某些工作或活动的时间，所戴手表停摆的时间，或其胃中内容物消化程度分析死亡时间，进而分析判定起火时间。

10.3 分析认定起火点

10.3.1 根据蔓延痕迹

蔓延痕迹主要包括：

a） 被烧轻重程度。物质被烧的轻重程度往往具有明显的方向性，这种方向性与火源和起火点有密切的关系。

b） 受热面。物体的受热面具有明显的方向性，物体总是朝向火源的一面比背向火源的一面烧得重，形成明显的受热面和非受热面的区别。通常将火灾现场中不同部位物体上形成的受热面综合起来观察，可以判定起火点的位置。

c） 倒塌掉落痕迹。倒塌掉落痕迹具有方向性和层次性，物体通常会面向火源一侧倒塌或掉落并根据不同位置的引火源可以形成不同燃烧物的层次。

d） 电路中的熔痕。在火灾中短路熔痕形成的顺序与火势蔓延的顺序相同，起火点在最早形成的短路熔痕部位附近。

e） 热烟气的流动痕迹。空间内的热烟气在其流动路径中的物体上会形成烟熏痕迹。依据烟熏痕迹的方向性，可以找出火灾蔓延的途径，并找出起火点的位置。

f） 燃烧图痕。燃烧图痕能够直观简便地指明了起火部位和火势蔓延的方向。它们主要以烟熏、炭化、火烧、熔化、颜色变化等痕迹形式出现。

10.3.2 根据证人证言

根据证人证言可以获得如下主要信息：

——最早发现火光、冒烟的部位和时间、燃烧的范围和燃烧的特点，以及火焰、烟气的颜色、气味及冒出的先后顺序；

——出现异常响声和气味部位；

——电气设备、电气控制装置、电气线路、照明灯具等电气系统的停电、跳闸、熔丝熔断等异常现象。

10.4 分析认定引火源

10.4.1 认定引火源的方法

10.4.1.1 直接认定

虽然在火灾过程中作为引火源的物体往往已经被烧毁，但如果在起火点处发现了这些引火源的残留物时，就可以直接认定。如发生短路的导线、焊渣、电热器具、燃气具等残留物。

10.4.1.2 间接认定

对于烟头、火柴杆、飞火火星、静电放电、自燃等火源，无法直接认定，就只能通过取得证明引火源引起起火物着火的间接证据来认定。

10.4.2 引火源的认定条件

10.4.2.1 引火源要能够产生足够的能量,并能够向可燃物传递能量

当传递的能量使可燃物的温度升高到其燃点时,变会将可燃物引燃。即作为引火源的引燃过程必须包括如下三个要素:产生温度、传递温度和升高温度。

10.4.2.2 引火源的特性与起火方式相吻合

引火源的特性应符合现场的起火物的起火方式,当认定的引火源作用到起火物上不能形成现场的起火特征时,不能将其认定为引火源。

10.4.2.3 有直接目击证人

如果在起火点处发现证明某种火源存在的证据,而且有证人证明,则可以认定这种火源为引火源。

10.4.2.4 排除其他火源

认定的火源必须具有唯一性,即排除其他火源引发火灾的可能性。

10.5 分析认定起火物

10.5.1 认定起火物的条件

在认定起火物时,应满足如下条件:

a) 起火物应在起火点处。

b) 起火物应与引火源相互验证。引火源的温度应等于或大于起火物的自燃点,引火源提供的能量应等于或大于起火物的最小点火能量。

c) 起火物一般被烧或破坏程度更严重。

10.5.2 起火物的分析认定方法

起火点处的可燃物质是否为起火物,一般可从下面几方面分析认定:

a) 应查明起火点处或起火部位处所有可燃物是否属于一般可燃物、易燃液体、自燃性物质还是混触着火(或爆炸)性物质等;

b) 根据起火物的物理化学性质,如自燃点、闪点、最小点火能量、爆炸极限等,分析判断在认定的火源作用下能否起火;

c) 分析起火物是否为起火点处原有的物品,如果不是,应需要查明其来源;

d) 不同的可燃物燃烧后残留在火灾现场痕迹的特征是不相同的,根据其燃烧特征确定是否为起火物;

e) 查明并分析起火物在运输、储存和使用时被晃动、碰撞、日照、受潮、摩擦、挤压等情况,对于分析是否增加了其危险性或破坏了其稳定性,进而分析起火物是否能发生自燃或产生静电放电而起火的可能性等具有重要作用。

10.6 分析起火时现场的环境因素

10.6.1 氧浓度或其他氧化剂

在大多数情况下火灾现场中氧气浓度(约 21%)是保持不变的,但是在氧气厂的某些部位、氧气瓶泄漏处以及医院高压氧舱内,氧气浓度大大提高,这种环境下的可燃物的自燃点、最小点火能量、可燃性液体的闪点、可燃性气体的爆炸下限都将降低,在这种情况下可燃物更容易起火和燃烧。例如,正常情

况下烟头只是阴燃，在氧气厂富氧区阴燃的烟头可以发出明火；若危险品仓库储存强氧化剂高锰酸钾、重铬酸钾、氯等物质，与还原剂混触，就有着火和爆炸的可能。

10.6.2 温度条件

现场温度越高，物质的最小点火能量就会降低，有利于起火和燃烧，尤其是自燃性物质更容易发生自燃。

10.6.3 通风条件

现场通风条件好，散热好，现场不易升温，不易起火。但在燃烧过程中，良好的通风条件有时可以提供充足的氧气，促进燃烧。

10.6.4 湿度条件

如果湿度、温度适宜于植物产品发酵生热，有利于自燃的发生；空气的相对湿度小于30%，容易导致静电聚集和放电，可能引起静电火灾。

10.7 分析认定起火原因的方法

10.7.1 直接认定法

直接认定法就是在现场勘验、调查询问和物证鉴定中所获得的证据比较充分，起火点、起火时间、引火源、起火物与现场影响起火的客观条件相吻合的情况下，直接分析判定起火原因的方法。

10.7.2 间接认定法

如果在现场勘验中无法找到证明引火源的物证，可将起火点范围内的所有可能引发火灾的火源依次列出，根据调查到的证据和事实进行分析研究，逐个加以否定排除，最终认定一种能够引发火灾的引火源。使用间接认定法时应注意如下事项：

a） 应将起火点范围内的所有可能引发火灾的火源全部列出，对每种可能的起火原因分别与现场的调查事实进行比较，逐个排除与现场情况不相符的可能性；

b） 应更加注重其他证据材料，如专家意见、调查询问、调查实验、技术鉴定结论等；

c） 对最终剩下的唯一起火原因要反复验证，一旦发现认定错误要重新开始，并查出问题的所在；

d） 当存在以下情况时，可以认定起火原因不明：
——有两种或两种以上的起火原因无法排除；
——现场遭到严重破坏或者已经被清理，无法收集能够证明起火原因的痕迹物证。

11 电气火灾

11.1 概述

我国建筑物使用380 V/220 V电压的交流电，常用铜导线、铝导线及黄铜接插件等敷设电路。导线、用电设备的安装和使用不当，都能引发电气火灾。本章以建筑物电气系统为主，讨论和分析电气火灾的相关内容。

11.2 电气火源

11.2.1 电阻发热

11.2.1.1 电热器具

电热器具正常工作时将电能转换为热能，使用不当或正常使用期间出现故障时能够引发火灾。

11.2.1.2 接触不良

当电路中存在接触不良时，接触点的电阻会增加，接触点温度持续升高到一定程度后，能够引燃与之接触的可燃物。

11.2.1.3 过负荷

过负荷是导线中通过的电流超过了其额定电流。过负荷引起导线过热，能够引燃导线接触的可燃物。过负荷倍数越大，持续时间越长，火灾危险性越大。

11.2.2 电弧

11.2.2.1 高压电弧

电力公司配电系统的高电压侵入低压系统时，在设备中出现电弧。导电的零件在高压下具有较高的火灾危险性，如果电弧路径上有可燃物，就会引发火灾。

11.2.2.2 分离电弧

分离电弧是带电的电路断开时出现的短暂放电现象。分离电弧的形式有：

a） 从插座中拔出通电的插头，电动机工作时电刷与转子之间都能产生分离电弧。在低压交流电气系统中，分离电弧能量很低，只能引燃可燃气体、蒸气和粉尘。

b） 短路时产生的分离电弧。短路时短路点的金属熔化，随着金属之间的间隙扩大引起分离电弧。

c） 电弧焊接中产生的分离电弧。焊接电弧具有足够的能量引燃周围的可燃物。

11.2.2.3 火花

电弧熔化金属时，金属颗粒从电弧点向外散射发光颗粒，形成电火花。铜和钢产生的火花在空气中飞行时会逐渐降温，最后冷却至周围环境温度。而铝产生的火花在飞行过程中可继续燃烧并升温，直到燃尽或落在某种物质上熄灭。因此，铝火花对可燃物有更大的引燃能力。电火花的引燃能力远低于其他火源，只有当条件适宜时才能引燃细小可燃物。火花的总热量、引燃能力与其颗粒大小有关。

11.2.2.4 其他电弧

其他形式的电弧包括：

a） 绝缘材料被盐、导电的灰尘或液体污染后，其表面可能出现电弧。

b） 水或水汽中含有污物、灰尘、盐或矿物沉淀物时能够导电，水中的电流促进电化学变化，并出现电弧。在直流电情况下这种效应比较明显，能量较大的电弧通过沉淀物时能够引发火灾。

11.3 导线上的痕迹

11.3.1 短路熔痕

11.3.1.1 一次短路熔痕

一次短路是指导线由于自身故障或机械外力损伤于火灾发生前形成的短路。

短路时产生的电弧只熔化短路点的金属，相邻的导线不会熔化。单股导线短路后，短路点处通常形成熔珠；多股导线短路后，导线部分断开或全部断开，形成熔珠或单股熔化的熔痕（如图 16 所示）。

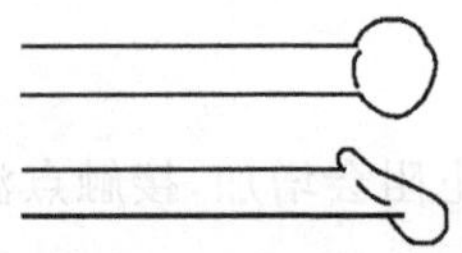

图 16　导线一次短路熔痕示意图

11.3.1.2　二次短路熔痕

二次短路是指导线在外界火焰或高温作用下，导线绝缘层失效而在火灾中引发的短路。

当绝缘导线处于火焰中或受辐射热时，导线的绝缘层熔化，裸露的导线短路形成熔珠（如图 17 所示）。

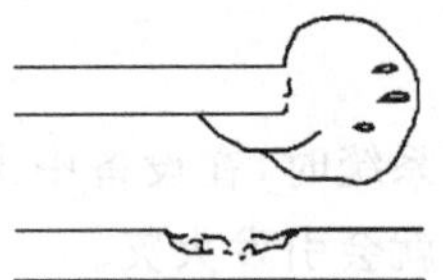

图 17　导线二次短路熔痕示意图

11.3.2　接触不良痕迹

导线的连接点及电路的接插件，当接触松动或者存在电阻值大的氧化物时，局部过热形成接触不良熔痕，形成麻坑或损失质量。连接部位有黄铜或铝时，金属更容易被熔化。

11.3.3　过负荷痕迹

过负荷的导线过热形成导线绝缘层内部炭化、软化、下垂的痕迹；严重过负荷的导线能够熔化，形成断节熔痕（如图 18 所示）。如果怀疑火灾由导线过负荷引起，就要检查电路的保护装置，具有合适的电路保护装置的电路，通常不会发生过负荷故障。

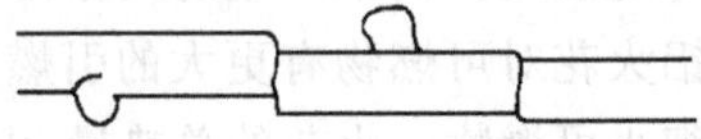

图 18　导线过电流熔痕示意图

11.3.4　火烧痕迹

暴露在火焰中或炽热的余烬中的导线能够熔化，形成火烧熔痕。火烧熔痕的形状不规则，有的在熔痕端部有尖状痕迹（如图 19 所示）。

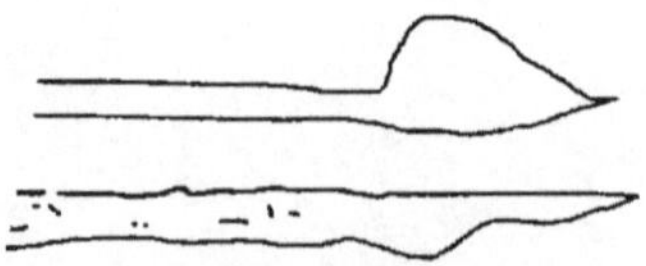

图 19　导线火烧熔痕示意图

11.3.5　变色痕迹

铜导线裸露后，表面受热作用出现暗红或黑色的变色痕迹。酸存在时，铜导线形成绿色或蓝色变色痕迹，最常见的酸来自聚氯乙烯（PVC）的分解。

11.3.6 合金化痕迹

铝和锌等熔点较低的金属，在火灾中熔化滴落到裸露的铜导线上形成合金，通过成分分析能够确定导线上合金元素的成分。触点、电气开关、温度调节器等部件能够形成铜和银的合金化痕迹。焊接点的铜导线在火灾过程中，铜与焊料反应形成合金化痕迹。

11.3.7 机械痕迹

导线或金属电气元件受到机械外力的作用，形成塑性变形、磨损、断裂等机械痕迹，失效分析可以鉴定机械痕迹的种类。

11.4 典型熔痕的鉴别

11.4.1 短路熔痕

短路熔痕的形状多为熔珠，熔珠与未熔部分之间无明显的过渡区。导线短路时能够产生喷溅熔珠，这些熔珠散落在短路点附近。

11.4.2 火烧熔痕

火烧熔痕的形状不规则，熔痕和未熔部分有明显的过渡区，多股导线形成整股粘连的火烧熔痕。

11.4.3 注意事项

火灾现场勘验时，应尽可能找出所有导线熔痕，尤其是起火部位或起火点提取的熔痕对分析认定起火原因非常重要。由于火灾现场提取的熔痕受多种外界条件的影响，因此实验室得出的鉴定结论要结合火灾现场实际情况综合分析，正确地运用到火灾原因调查中。

11.5 电气火灾形成条件

电气火灾形成条件主要有：

——起火时或起火前有效时间内导线或用电设备处在通电或带电状态；

——导线或用电设备应与起火点相对应；

——导线或用电设备存在构成电气火灾的故障点；

——电气故障产生的热量或电火花应具备引燃附近的可燃物的能量。

11.6 用电设备

11.6.1 现场勘验

对火灾现场中的用电设备勘验时，勘验的内容应包括：

——用照相、录像、绘图等方式记录用电设备在火灾现场的位置；

——收集用电设备的资料，如生产厂家、型号、生产日期、使用说明等，分析用电设备在正常工作或出现故障时产生的过多热量能否引发火灾；

——提取用电设备的燃烧残骸，分析用电设备的燃烧痕迹，引发火灾的用电设备内部烧毁程度重于外部；

——提取用电设备的导线熔痕、接插件熔痕，并进行物证鉴定。

11.6.2 电热器具

11.6.2.1 电热器具引发火灾的主要原因

电热器具的功率大、温度高，传导、辐射的热量能够引燃周围的可燃物，引发电气火灾的原因有：

a） 使用后忘记关闭电源或停电未及时切断电源，电热器具长时间处于通电工作状态而引发火灾；

b）电热器具工作时无人看管，特别是水加热装置盛水容器内的水被烧干后，周围可燃物受热燃烧，引发火灾；

c） 大功率电热装置的导线、开关、插头等不符合规范要求，发生过热、短路等电气故障，引发火灾；

d） 温控部件失控，电热器具持续升温，引发火灾；

e） 电热装置存在设计缺陷，隔热或安全装置性能差，引发内部电气故障，引发火灾；

f） 未完全冷却的电热器具接触到可燃物，引发火灾；

g） 未正确使用电热器具，引发火灾。

11.6.2.2 现场勘验

11.6.2.2.1 电热器具附近物体的痕迹

火灾现场中，通电的电热器具接触到可燃物，形成局部炭化严重的痕迹。

11.6.2.2.2 电气元件的痕迹

电热器具处于通电或电路连接状态的痕迹有：

——电源线上有短路熔痕；

——电源线插头、插座的密合面烟熏轻或无烟熏，插头插片表面清洁或保持原有色泽；

——插座内静片失去弹性，金属片间距正好为插头插片的厚度，静片内侧清洁无烟熏。

11.6.2.2.3 电热器具的燃烧痕迹

电热器具内部过热，电阻丝氧化严重，绝缘隔热材料变色、机械性能改变，金属壳内部变化的程度重于外部。电热器具仅受外部火焰作用，内部结构呈现均匀燃烧的状态，甚至不会发生明显变化。

11.6.2.3 现场实验

为了证实火灾在某些外部条件、一定时间内能否发生或证实与火灾发生有关的某一事实是否存在，可以进行现场实验。通过现场实验，能够确定电热器具有在一定条件下引发火灾的危险性及其痕迹的特征，试验方法按照 GA 128 进行。

11.6.3 电冰箱和空调

11.6.3.1 引发火灾的主要原因

除常见的电气故障之外，电冰箱和空调引发火灾的原因还包括：

——压缩机正常老化或受到物体遮挡时，散热条件差导致压缩电机烧坏、压缩机卡缸或抱轴等内部故障，引发火灾；

——电机匝间短路或绕组过热，引发火灾；

——启动继电器触点不能及时断开造成线圈过热，引发火灾；

——频繁起动，内部电动机启动电流增大，电动机内部故障产生高温，引发火灾；

——安装在可燃物上，或靠近可燃物，引发火灾。

11.6.3.2 现场勘验

除进行常规的现场勘验外，还要进行如下勘验：

a） 检查电冰箱内部温控开关、照明灯开关、保护装置、起动继电器绝缘层状态；
b） 电冰箱内部及周围存放物品的种类、数量、时间及盛装容器；
c） 空调油浸电容金属外壳残留电弧击穿的痕迹；
d） 空调电源线穿墙或穿管部位的短路痕迹；
e） 空调风扇轴承形成严重磨损痕迹；
f） 空调风扇叶片偏移、变形与外壳摩擦；
g） 空调风扇的电动机线圈过热，或发生匝间短路；
h） 制冷装置的安装情况，电源线种类、截面积、配置形式、连接方式，插头插座种类、容量、保护装置容量等；
i） 制冷装置的使用情况，使用时间、启动次数，使用年限，保养检修情况；
j） 制冷装置电源电压的情况等。

12 燃气火灾

12.1 概述

在燃气火灾中，一方面燃气会作为起火物；另一方面当火灾现场燃气系统被破坏时，燃气会参与燃烧。

12.1.1 燃气装置作为火源引发火灾

燃气装置如果安装或使用不当，例如距离可燃物太近、长时间使用无人看管等，都可能造成火灾。

12.1.2 火灾引起燃气系统破坏

由于火灾的破坏作用，燃气系统可能被破坏，泄漏出来的燃气可能提高火势的蔓延速度，并改变火势的蔓延方向。

由于燃气燃烧比较猛烈，可能导致泄漏处的破坏严重，并由此处向四周蔓延，形成新的火点。

12.2 燃气泄漏原因

12.2.1 管道因为腐蚀而破裂

腐蚀的原因可能是防腐设施不当、防腐层脱落或设备老化，或者燃气含水、阴极保护失效等，使管道发生腐蚀而穿孔泄漏。

由于腐蚀破坏的过程比较缓慢，从腐蚀开始至泄漏发生所需时间较长。

12.2.2 外力引起管道泄漏

主要是管道系统受到外加应力的作用，使管道发生断裂而泄漏。由于管道的接头等处容易发生应力集中，所以在受到外力作用时，这些部位更容易发生损伤。产生外力的主要因素有以下几种：

a） 施工过程中，挖掘工具破坏地下管道引发泄漏，钻头、钉子、螺丝等刺破隐蔽的管道引发泄漏；
b） 地下管道处于道路下方，因车辆碾压造成管道破坏；
c） 地质因素变化，如地基下沉，地基处理不当、地质断裂等，造成管道受力破坏；
d） 管道上方存在违章占压，未得到及时清理，会造成管道受力而破坏。

12.2.3 管道上存在制造缺陷

在生产和安装过程中，管道存在质量缺陷，导致管道系统“先天不足”，具体包括：

a） 管道材料质量不合格，导致强度或耐腐蚀性下降，造成管道泄漏；

b） 接头处焊接质量不合格，使接头处强度过低或存在缺陷；

c） 燃气系统未经专业的技术人员安装，或者是用户私自改装，如增加管道的出口等，可能会存在安装缺陷，引起燃气泄漏。

12.2.4 阀门发生泄漏

阀门经常开关，可能会失效、松动，填料老化、装填无条理，密封垫片装偏、变形或老化，会引起阀门处发生泄漏。

12.2.5 法兰发生泄漏

法兰中心线未在一条直线上、端面与管道中心线不垂直、连接螺栓松紧不均、密封垫片与法兰密合不严等，可能引起法兰处泄漏。

12.2.6 连接处发生泄漏

管道部件之间连接时未旋紧、螺纹配合不当或者管道密封材料使用不当，都可能引发泄漏。

12.2.7 液化气罐破损

导致液化气罐破损的原因主要包括：

a） 灌装超量，即超过气瓶体积的85%以上，瓶体如受外界因素作用，易发生破裂，以致液化气迅速泄漏扩散；

b） 液化气受热膨胀。当温度由10 ℃升至50 ℃时，蒸气压由0.64 MPa增至1.80 MPa。若继续升高，将可能导致瓶体破坏，引起液化气外泄，甚至发生爆炸；

c） 瓶体受腐蚀或撞击，导致瓶体破损，引起液化气泄漏。

12.2.8 液化气罐角阀及其安全附件泄漏

液化气罐角阀由于经常开关造成破坏，导致密封不严，或者减压阀安装不紧密、橡胶圈老化或脱落，都可能引起泄漏。

12.2.9 软管破裂

连接燃气用具和管道或储气罐的软管，多为塑料或橡胶管，经过一段时间后会老化破裂，引起燃气泄漏，特别是长时间受到燃气用具明火辐射更会加快老化速度。胶管可能由于磕碰、鼠咬等原因导致破裂。

12.2.10 人为因素

12.2.10.1 使用不当

人员长时间离开厨房时忘记关闭阀门或关阀不严导致燃气泄漏。使用燃气灶具时，无人看管，汤沸浇灭火焰或者风吹灭火焰，导致燃气泄漏。用完燃气灶具后，忘记关闭表后阀门或灶具阀门，也有可能导致燃气泄漏。

12.2.10.2 安装不当

用户在更换液化气钢瓶时，不仔细检查调压器，○型胶圈老化、脱落或将手轮丝扣连接错误，或者连接不严导致泄漏。

12.2.11 超压

燃气管道和设备都应在正常的设计压力范围内工作，当燃气系统中的燃气压力因为设备失效、操作失误等原因出现超压时，如果压力超过管道或设备的额定压力，可能造成气体泄漏，并可能损坏设备。

12.3 燃气系统的调查

12.3.1 燃气系统的检验

通过对燃气系统的检测确定燃气系统是否发生了泄漏。检测时可采用压力测试的方法，通过对燃气系统加压的方法，检查压力变化情况来判定系统的密闭性。检验之前，应该将明显发生损坏的部分隔开或封死，有时可能需要将燃气系统分为几段，分别进行测试。在隔开或封死损坏部分时，应该注意观察接头处连接不好的情况，避免将这类证据破坏。

如果燃气系统未被严重破坏，应通过检验其通气情况、附件密封情况等，确定这些系统是否正常。

12.3.2 泄漏气体的确定

12.3.2.1 根据火灾现场中存在的燃气系统判定

在调查过程中，应该了解现场中可能存在的燃气种类，以及这些燃气系统的供气及使用情况，判断与火灾爆炸事故有关的燃气种类。

由于燃气具有扩散性，在调查中应该考虑现场周边燃气设施，如从附近经过的管道。

12.3.2.2 根据现场破坏特征判定

由于燃气的密度不同，泄漏出来后建筑物内的分布存在差异。比空气中的液化石油气会积聚在空间的底部，而比空气轻的天然气会积聚在空间的顶部。发生火灾爆炸事故后，造成建筑物不同部位的破坏程度不同。

12.3.2.3 利用分析仪器确定

采用气相色谱、气相色谱/质谱等分析仪器，检测现场残留的燃气种类。

12.3.3 泄漏位置的确定

12.3.3.1 涂抹肥皂水检验

将肥皂水涂抹在怀疑发生泄漏的部位如管道连接处、附件和用具接头上，如果燃气系统内仍存在压力(关闭燃气供应后，可在局部利用空气给系统加压)，气压作用下将在泄漏处产生肥皂泡沫，从而发现泄漏部位。

12.3.3.2 用气体检测仪检查

用气体检测仪在建筑物内检测燃气系统的接头和连接件。还应检测建筑物周边，例如检测建筑物外面路面上的开口处的大气组分。因为从地下管道泄漏出来的燃气可能出现在这些地方。应沿着输气管道的方向，检测路面的裂缝、路缘线、现场勘验孔、下水道开口等部位。地下输气管线的位置可由燃气公司的地图或通过使用电子定位仪来确定。

12.3.3.3 钻孔检测

当怀疑地下管道泄漏时，可采用钻孔检测的方法寻找泄漏点。检测时，沿着燃气管道的走向，在管道两侧等距离的部位，在地面或路面打孔，然后用气体检测仪进行地下气体检测，并将检测结果标注在管道图上。比较每个钻孔检测的燃气含量，根据燃气含量的变化确定泄漏点的位置。

12.3.3.4 根据相关迹象确定

燃气泄漏时，可能存在一些迹象，调查这些迹象可以确定泄漏点的位置。如，长期存在的地下泄漏可能会使附近的草、树或其他植物变黄甚至枯死，根据这一迹象可以判断泄漏点的位置。此外，长期存在的泄漏可能使这一区域存在燃气的气味，泄漏点较大时可能存在泄漏的声音，根据这些也可以判断泄漏点的位置。

12.3.4 火源的确定

由于燃气的扩散性，火源与泄漏点之间可能存在一定的距离。在确定火源时，应该先根据现场的情况确定爆炸中心或起火点的位置，然后在这些部位寻找火源。除了注意火灾现场长期存在的火源外，还应该考虑一些临时火源，如临时动火、车辆飞火等。特别是一些弱火源，如静电火花、金属撞击火花等，应该进行分析。

13 放火

13.1 概述

放火是为了达到某种目的而故意烧毁公私财物的一种犯罪行为。在勘验认定此类火灾现场时，除了遵循常规的火灾现场勘验程序外，尤其要注意放火现场所具有的特征规律。

13.2 常见放火动机

动机的确定可以指明侦破的方向，甚至确定嫌疑人，有助于及时立案和顺利移交。

常见的放火动机有：

a） 报复；

b） 获取经济利益；

c） 掩盖罪行；

d） 寻求精神刺激；

e） 对社会和政府不满；

f） 精神病患者放火；

g） 自焚。

13.3 放火现场的主要特征

13.3.1 多起火点

多起火点是指在火灾现场中没有任何联系，且火势蔓延方向无规律的多个独立的起火点。

13.3.2 异常的起火点和火源

起火点有异常燃烧情况时，要考虑有放火的可能。异常的起火点和火源主要有：

a） 起火点处的可燃材料很少，但现场此处的燃烧程度却很重。

b） 起火点处的可燃材料的燃烧热释放速率应很低，可现场却表现出很快的燃烧蔓延速率。

c） 现场原有的可燃物位置发生变动，利用现场原有的可燃物来实施放火时，物品在火灾前后一般有明显的位置变化。

d） 现场原有的引火源位置发生变动。借用现场原有的物品作为引火源，如电炉、电熨斗等电热装置移放到可燃物上。

13.3.3 助燃剂

13.3.3.1 概述

放火助燃剂主要分液体助燃剂和固体助燃剂两类。

13.3.3.2 液体助燃剂

液体助燃剂一般为常见易燃液体。现场勘验时，如果发现了地毯、木地板、水泥地面上的不规则流淌痕迹，或者发现了来源不明容器及其残骸、碎片、熔化物，应当提取并鉴定，确定易燃液体的成分。

火灾现场中存在易燃液体时，表明火灾有放火嫌疑。在任何情况下，只要起火点处发现了易燃液体，都应以此作为重要线索进行彻底调查。

13.3.3.3 固体助燃剂

主要指活泼金属等高温助燃剂（HTA）。火灾初期有特别耀眼的火光，在现场有时会留有熔化的金属。

13.3.4 拖尾痕迹

形成拖尾痕迹的可燃物可能是易燃液体，也可能是可燃固体。现场中的这种痕迹能够将两个不同部位的可燃物联系起来，有时是从楼上沿楼梯向下延续，有时是从室内向室外延续。当怀疑有可能是由助燃剂燃烧形成拖尾痕迹时，应当提取并鉴定。

13.3.5 人员的异常烧伤

人员烧伤痕迹和烧伤部位有时能够为确定火灾原因提供线索。放火嫌疑人在实施放火时有可能被迅速蔓延的火焰烧伤，如在头发、眉毛、手和鞋子等部位留下烧伤痕迹。在外围调查时，火灾调查人员应走访相关医院，向医务人员了解烧伤情况。现场中如果发现尸体，火调人员还应当根据死者的烧伤部位、死亡位置等情况判断该死者是否有放火嫌疑。

13.3.6 起火点处残留放火物

现场中常见的放火遗留物主要有：

a） 固体类：如火柴、打火机、棉花、纸张、油纸、火绳、蚊香、蜡烛等的残留燃烧残体或部分原物；

b） 易燃液体：如渗透到泥土、木板、地板、墙皮等中的残留汽油、盛装油品的瓶、桶原物或残体；

c） 气体类：如燃气管道阀门、燃气炉具、液化石油气罐体等的开关状态；

d） 电热装置：如电炉、电吹风机等；

e） 放火装置：现场残留的延时类装置的残留物品有导火索（绳）和机械或电子定时器等。

13.4 放火现场勘验

13.4.1 概述

放火现场的勘验也应遵循一般火灾现场勘验步骤，从寻找起火点或寻找引火源着手，确定火灾现场是否具有放火现场的特征。

13.4.2 确定起火点

根据10.3规定的方法确定起火点的同时，还应查明其起火点是否具有放火现场的特征。

13.4.3 寻找火源、起火物

在起火点附近仔细勘验,寻找放火时使用的火源、起火物。注意检查起火点附近存在的不应出现的物件。起火点处有放火遗留物时,应该考虑放火意图。

13.4.4 寻找放火嫌疑人的遗留痕迹

在现场周围、出入口以及放火者来去路线等地方搜寻其放火遗留的痕迹。放火遗留的痕迹主要有:
——攀登痕迹和翻越痕迹;
——挤压、撬压痕迹;
——玻璃破碎痕迹;
——翻动和移动痕迹及丢失的财物情况;
——消防系统、通信系统破坏痕迹;
——尸体上的痕迹及受伤人员情况。

13.4.5 查明放火是否为反复放火

查证以往放火案件,寻找放火案件的规律,研究放火行为是否为反复性的,对于确定案件的侦破方向具有很大的帮助。

13.4.6 起火点的位置隐蔽

如果起火点所处的位置很隐蔽,周围的人不能及时发现该位置,表明放火者故意选择偏僻部位,不易被人发现。

13.4.7 起火点在公共设施或用具附近

燃气管道或电气设备附近发生的火灾,可能表明放火者有意造成是事故的假象,转移调查人员的注意力。

13.4.8 内部物品变更及超值保险

在现场调查时,发现火灾前后物品数量、品种不一致,或缺少了贵重物品,财产进行了超值保险等,都要考虑存在放火的可能性。

13.4.9 有明显的破坏痕迹

一般情况下放火者的目的是使建筑物和其内部的物品完全迅速地被烧毁,防盗报警和自动灭火系统会首先遭到破坏。如拆卸或盖住感烟探头、阻塞喷淋头、关闭控制阀、损坏消火栓等。现场勘验发现系统没能启动时,火灾调查人员应查明是蓄意破坏还是其他因素。

13.4.10 门窗开启情况异常

开启门窗能加速火的燃烧和蔓延。冷天或违反常规情况下门窗的开启,可能表明存在人为因素,使得空气流通加速火势蔓延。

13.4.11 现场破坏大、物证分散

从物证分布看,放火案件的物证和失火案件的物证有所不同,失火案件物证一般在起火点的部位,而放火案件的物证有时却很分散,起火点处有,其他地点可能也有,如放火者将汽油瓶、火柴盒等扔到火灾现场外。物证分散是放火现场的特点之一。

13.4.12 现场内有被捆绑、被杀害的尸体

尸体被捆绑或有伤痕，应通过法医鉴定确定尸体死亡时间和死亡的方式。

14 汽车火灾

14.1 概述

本章为汽车火灾调查的相关知识，其内容也适用于轿车、卡车、客车、改装车辆和摩托车。其中，引火源、可燃物、起火过程和现场记录的内容可用于航空、水上及有轨交通工具的火灾调查之中。车身壳体与汽车内部燃烧残留痕迹和损伤痕迹，常用于起火点的确定和火灾原因的认定。证人证言，实验室的技术鉴定报告，机械故障或电气故障的维修记录，生产厂家的召回通知，都有助于汽车火灾原因的认定。此外，火灾调查人员应当熟悉汽车构造和驾驶技术。

14.2 引火源

14.2.1 明火源

能够引发汽车火灾的明火源有：

——放火；

——化油器式汽油机汽车出现的回火；

——车用可燃液体泄漏后被点燃。

14.2.2 电气火源

能够引发汽车火灾的电气火源有：

——汽车导线一次短路、搭铁短路和过负荷等电气故障；

——汽车导线及用电设备电路连接器的接插件，发生接触不良、局部过热等电热故障；

——汽车电热设备使用不当或发生故障，如点烟器、座椅加热器以及柴油发动机汽车预热器等；

——汽车用电设备产生的电火花和破碎灯泡内的灯丝，具有点燃可燃气体、可燃混合气和可燃液体蒸气的能力并引发火灾。

14.2.3 炽热表面

炽热表面不仅能够点燃滴落于其上的可燃液体，而且能够烤燃周围的可燃物，从而引发火灾，汽车的炽热表面有：

——催化转换器；

——涡轮增压器；

——排气歧管；

——其他排气装置。

特别指出，炽热表面不能点燃汽油。当炽热表面的温度比可燃液体的燃点高 200 ℃时，才能观测到可燃液体在敞开空间中被炽热表面点燃。除燃点之外，炽热表面点燃可燃液体的影响因素还包括：

——通风条件；

——可燃液体的闪点、沸点和饱和蒸气压；

——炽热表面的粗糙度；

——可燃液体在炽热表面滞留的时间。

14.2.4 **机械故障**

能够引发汽车火灾的机械故障有：

——汽车行驶过程中，运转的零部件发生金属与金属的接触后产生火花，能够点燃可燃气体或可燃液体蒸气，引发火灾；

——汽车行驶过程中，靠近路面的零部件发生金属与路面的接触后产生火花，能够点燃可燃气体或可燃液体蒸气，引发火灾；

——传动皮带、轴承和轮胎可因摩擦生热起火。

14.2.5 **遗留火种**

能够引发汽车火灾的遗留火种有：

——烟头掩埋在纸张、薄纱等堆积物之下，或者接触到座椅材料，能够引发火灾；

——未熄灭的火柴，能够点燃烟灰缸内的堆积物并引发火灾；

——车内的一次性打火机，受热后发生爆炸等故障，能够引发火灾。

14.3 **汽车的可燃物**

14.3.1 **可燃气体**

汽车的可燃气体有：

——丙烷、压缩天然气、氢气等汽车燃气；

——铅酸蓄电池充电或受碰撞破裂时，会放出氢气和氧气。

14.3.2 **可燃液体**

汽车的可燃液体有：

——汽油、乙醇汽油、柴油等汽车燃油；

——汽油机油、柴油机油、齿轮油、转向助力油、液压油、制动液等汽车润滑油；

——防冻液、玻璃洗涤液。

可燃液体的状态，引火源的性质及其他变量都将决定可燃液体能否被点燃。

14.3.3 **固体可燃物**

汽车的固体可燃物本身不具有火灾危险性，但是火灾发生后这些材料都参与燃烧，增大火灾荷载。固体可燃物开始燃烧，能够显著地加快火灾增长速率，造成大面积的烧损。火焰至汽车某一部位时，该部位的固体可燃物首先燃烧，促使火灾蔓延。固体可燃物火灾后形成的痕迹，是确定汽车火灾起火部位和起火点的重要痕迹物证。汽车的固体可燃物有：

——车用塑料，如内饰板、灯罩、绝缘外皮、叶片等；

——车用橡胶，如轮胎、密封制品、减震制品、胶管、胶带等；

——车用织物，如坐垫、毛毡垫、防水篷布等；

——涂料；

——低熔点金属，如镁。

14.4 **现场勘验**

14.4.1 **环境勘验**

观察火灾现场全貌，包括汽车周围的建筑物、公路设施、植被情况、其他汽车、轮胎留下的痕迹等。

观察汽车车身燃烧痕迹。根据上述物体的燃烧残留痕迹，分析并确定火灾蔓延方向。

14.4.2 确定起火部位

火灾调查人员观察车身燃烧痕迹、玻璃烧损和破碎痕迹、轮胎及底盘燃烧痕迹、汽车内部各部位燃烧痕迹，以及汽车周围可燃物燃烧残留的痕迹等，确定火灾蔓延的方向，从而确定起火部位。根据汽车的构造，汽车火灾的起火部位可以被分为：

a） 汽车外部；

b） 发动机舱内；

c） 驾驶室内；

d） 后备厢(或货车的货厢)内。

使用叉车或其他升降设备将汽车升起，能够有效地对汽车底盘进行勘验。

14.4.3 汽车勘验

14.4.3.1 概述

火灾调查人员确定起火部位之后，按照烧损最轻至烧损最重的顺序，对汽车进行更为细致的勘验，确定起火点的具体位置。同时有针对性地对火灾涉及的系统进行勘验，确定其烧损状态，分析能够引发火灾的各种危险性。

14.4.3.2 识别汽车

火灾调查人员应当确定汽车的构造、类型及特殊装置等。可以通过车辆识别号码(VIN)，准确地确定汽车的制造商、产地、车身类型、发动机类型、年型、装配厂和生产序列号等信息，从而准确的识别汽车。然后使用相同的汽车与发生火灾的汽车进行对比，或者查阅相关的维修手册，以确保对各个环节都进行勘验。

14.4.3.3 勘验汽车各个系统

14.4.3.3.1 发动机

汽车发动机由很多零件构成，工作时这些零件都同步运行。为保证发动机正常工作，所有零件必须精密地装配在一起，许多零件还须润滑和冷却。发动机出现导致汽车火灾的故障有：

a） 机械故障。导致发动机部分零部件或某个零件从工作位置高速飞出，能够割破油管或导线，从而引发火灾。润滑油能够从机械故障形成的小孔中泄漏，并且被炽热表面点燃。

b） 润滑油泄漏。润滑油从油底壳垫片处泄漏，并滴落在排气管上；润滑油从气缸盖垫片处泄漏，并滴落在排气歧管上，均能引发火灾。汽车停车后，润滑油泄漏故障仍可导致汽车火灾的发生。发动机内缺少润滑油，能够导致机械零件发生突然失效，并能够引发火灾。

c） 发动机过热。发动机风扇的传动皮带断开，导致发动机过热，发生灾祸性失效并引发火灾。

14.4.3.3.2 燃料供给系统

汽油发动机汽车的燃料供给系统包括油箱、油管和燃油泵等，能够导致汽车火灾的故障包括：

a） 化油器式燃料供给系统的压力部分。压力部分如油管、化油器或发动机零件的某一部位出现泄漏点后，泄漏的燃料从微小的喷雾发展成大片蒸气。这时，如果存在明火或火花，就会发生火灾。

b） 燃油喷射式燃料供给系统的零件存在泄漏的隐患。如果泄漏发展到一定程度，系统的压力可把汽油蒸气喷出 0 m～3 m 远。这一系统的进油部分发生泄漏后，汽车的行驶状况会出现异常，如起动困难、行驶不稳定和抛锚等驾驶员可觉察到的现象。高压燃油系统的回油部分为低压系统低于 21 kPa，由于这部分发生泄漏对汽车的行驶状况影响不大，因此回油部分的泄漏故障更为严重。

c） 柴油发动机燃油供给系统的零件因发动机振动容易松动，发生泄漏故障。与汽油不同，柴油能够被炽热表面点燃。当汽车内可燃液体的蒸气从发动机的空气进气装置进入进气系统后，就存在发动机失控的危险性。其后果与一直给汽车加速相同，情况严重时，发动机的某一部分会开裂并爆出火球。

d） 天然气和丙烷气都可作为汽车的燃料，它们以液态的形式存放在储液罐中，以气态的形式供发动机使用。这种燃料供给系统在高压条件下运行。大多数天然气或丙烷气燃料汽车采用化油器装置，由于这种压力系统连接件与管件的材料热膨胀系数不同，因此在连接部位很难发生泄漏故障。所以，火灾调查过程中发现泄漏故障点，不一定都是在火灾发生前出现的。燃料本身的火灾危险性，是这种燃料供给系统最大的隐患。一旦该系统发生泄漏故障，可燃气体会随着泄漏的发展喷出很远的距离，并且能够被某种微弱引火源所引燃，并且存在爆炸的危险性。天然气或丙烷气的储液罐，受到火的热作用后而爆裂的危险性很小。火灾发生后储液罐内快速聚积的压力无法及时排放，是导致大部分储液罐爆裂的原因。

14.4.3.3.3 涡轮增压器

涡轮增压器是整个发动机系统温度最高的部位，其产生的热量可以点燃与之接触的燃油或其他可燃物。涡轮增压器漏油，可导致其工作温度进一步提高，泄漏出的燃油可被点燃并引发火灾。

14.4.3.3.4 排气净化系统

排气净化系统由 EGR 控制阀、活性炭罐、各种橡胶真空管和传感器等组成，并安装在发动机舱内，能够导致汽车火灾的故障有：

a） 活性炭罐或真空软管出现油蒸气泄漏的故障；

b） 油箱加油过量可导致汽油进入活性炭罐，引发汽油溢出故障；

c） EGR 控制阀能出现阻塞故障，导致燃料浓度很高的可燃混合气直接进入排气系统，并被废弃在循环系统循环使用，造成汽车的怠速不稳定、抛锚、回火或催化转换器过热等故障。

14.4.3.3.5 排气系统

排气系统能够导致汽车火灾的故障有：

a） 气缸盖或气缸衬垫发生泄漏故障后，泄漏的燃油能接触到排气歧管，并存在被点燃的危险性。

b） 催化转换器位于排气管的下游，催化转换器前端 8 cm～10 cm 长的进气管，正常工况下测得该部位温度为 343 ℃，是整个排气系统温度最高的部位。发动机点火不良或运转过度，该部位温度会明显升高。发动机自身故障能引起催化转换器过热，导致其内衬被点燃。

c） 汽车正常行驶时或刚刚停车后，排气管或催化转换器的炽热表面，能够点燃与之接触的可燃物，如泄漏的汽车可燃液体和很高的草等。

14.4.3.3.6 汽车电气系统

电气系统导致汽车火灾的故障有：

a） 汽车受到冲撞后，铅酸蓄电池外壳破损并释放氢气，能够被微弱的引火源点燃。但是，炽热表面很难点燃氢气。

b） 汽车停车、发动机停止工作或者点火开关关闭之后，汽车仍有一少部分电路带有 12 V（或 24 V）电压，并且存在发生电气故障并引发火灾的危险性。

带电电路包括：

1） 蓄电池接线柱引出线；

2） 蓄电池至起动机的线路；

3） 起动机至发电机的线路；

4） 蓄电池至中央接线盒的线路；

5） 部分从点火开关到时钟或点烟器等辅助电气设备的线路。

c） 直接加装在蓄电池上的用电设备，在发动机停止工作后，存在发生电气故障的危险性。

d） 汽车的电气线路或电气设备出现电气故障。电气故障发生后，汽车导线、插接件、电气连接件、电气设备能够形成金属熔化痕迹。

14.4.3.3.7 传动系统

汽车的变速器有齿轮变速器和液力变速器，变速器内的零件需要润滑。传动系统导致汽车火灾的故障有：

a） 齿轮变速器齿轮的润滑油储存在集油器内，这部分的机械失效故障与发动机机械失效故障同样严重；

b） 齿轮变速器润滑油的加油口位于汽车底部，能够泄漏到排气系统上；

c） 自动变速器的传动液过量，传动液从量液管内溢出滴落到排气系统上；

d） 自动变速器的传动液从密封垫片处泄漏，并滴落到排气系统上；

e） 汽车超载，或者变速器内添加的传动液的型号有误，造成传动液喷溅。

14.4.3.3.8 液压制动系统

液压制动系统导致汽车火灾的故障有：

a） 液压制动系统在高压条件下工作，微小的泄漏能导致制动液喷溅，并能被引火源点燃；

b） 制动过载，刹车片与制动鼓发生过热，能够引发火灾。

14.4.3.3.9 附属设备

汽车内的机械设备有空调压缩机、动力转向泵、空气泵和真空泵等。这些设备都存在机械故障的隐患。应当查阅相关资料，确定这些设备的工作原理和故障的火灾危险性。

14.4.3.4 起火点在汽车内部的勘验

起火部位在汽车内部，应当根据14.4.3.3中汽车系统的火灾危险性，对起火点附近的汽车火灾痕迹进行勘验，包括：

a） 勘验油路的泄漏痕迹。

主要检查下列痕迹：

1） 检查油箱状态。检查油箱破碎或局部泄漏的痕迹。记录油箱盖状态，许多油箱盖含有塑料件或低熔点金属件，这些零件在火灾中能够脱落、烧失或掉进油箱。

2） 记录油箱加油管的状态。汽车受到撞击之后，造成加油系统的漏斗颈装置与油箱断开连接，或者加油管出现机械性破损，形成燃油泄漏痕迹。

3） 检查供油管和回油管状态。检查并记录靠近催化转换器附近的油路管，靠近排气歧管的非金属油路管，靠近其他炽热表面的非金属油路管和容易受到摩擦的油路管。

4） 检查机油、润滑油、传动液、助力转向液的容器及连接管路状态，确定过热燃烧或泄漏到排气管或排气歧管上形成炭化痕迹。

b） 勘验电路的电气故障痕迹。

主要检查下列痕迹：

1） 汽车用电设备导线的熔痕；

2） 导线和用电设备接插件的熔痕；

3） 熔痕周围金属件的熔痕；

4） 用电设备内部电气连接件的熔痕；

5） 熔断丝规格，用大阻值的熔断丝代替额定规格的熔断丝，导致汽车导线形成过负荷痕迹；

6） 蓄电池极柱与其电源线连接件的接触不良痕迹。

c） 检查开关、手柄和操纵杆的位置。

主要检查下列位置：

1） 检查并记录驾驶室内各开关的位置，确定开关是否处于“开通”状态；

2） 检查玻璃托架位置，确定门窗玻璃开闭状态，重点确定玻璃是机械力破坏造成的炸裂，还是明火燃烧所造成的炸裂，并观察窗玻璃炸裂的形状、烟熏程度、玻璃落地位置；

3） 记录变速操纵杆的挡位；

4） 检查点火开关的位置。

d） 检查发动机和排气歧管处异物。检查发动机、排气管或排气歧管附近的报纸、油棉纱等可燃物、可燃物的炭化物痕迹。

e） 遗留火种。

遗留火种主要有：

1） 烟头引发火灾，起火点多在驾驶室或储物舱内的可燃货物上，具有阴燃起火的特征，往往造成驾驶室内一侧的窗玻璃烟熏严重且烧熔，起火后燃烧严重的部位是上部；

2） 检查仪表板上、驾驶室座椅上等阳光照射到的部位，是否存在一次性打火机。

f） 检查车内携带的危险品。汽车火灾还涉及轿车的后备厢，卡车或货车的储货舱等。确定起火部位在这一区域后，火灾调查人员应当确定储物区域内存放的物品，并对燃烧残留物进行勘验。从而确定由该部物品是否存在火灾危险性并引发火灾。

14.4.3.5 起火部位在汽车外部的勘验

14.4.3.5.1 概述

放火，排气管或催化转换器烤燃地表可燃物、轮胎过热等原因引发汽车火灾后，火灾的起火部位大都在汽车外部。火灾调查员按照14.4.3.4内容勘验的基础上，还需对进行下列工作，方能全面地对汽车火灾进行勘验，并准确地认定汽车火灾原因。

14.4.3.5.2 汽车放火

放火者通常使用汽油、柴油等作为助燃剂在轮胎附近对汽车放火，但也有在车顶盖上、驾驶室内及后备厢内等处实施放火。使用助燃剂的放火火灾，具有猛烈燃烧的特征。短时间内，大量的热能导致玻璃在没有形成积炭前就开始破碎或熔化，且烟熏轻微。火灾调查人员确定起火点之后，应当检查是否存在盛装助燃剂的物品，如塑料瓶或棉布等。对起火点附近提取的玻璃烟尘、车身烟尘、炭化残留物及地面泥土等物证进行助燃剂检测，能够有效地确定汽车火灾是否由放火引起。

14.4.3.5.3 排气管或催化转化器处起火

火灾调查人员应当检查汽车底盘下地面存在的可燃物及燃烧的情况。干草、干树叶或其他可燃物，接触到过热的排气管或催化转化器后，能够被点燃。

14.4.3.5.4 轮胎过热起火

火灾调查人员确定汽车过载或长时间行驶后，对轮胎部位的燃烧痕迹进行细项勘验。汽车下坡过程中长时间制动，其制动鼓过热能够引发轮胎起火。轮胎充气不足、双轮胎货车其中一个轮胎爆裂后继续行驶，车轮和路面的摩擦引发轮胎起火。

14.5 汽车火灾现场记录

14.5.1 勘验记录

火灾调查人员应当绘制火灾现场简图，该图能准确地表示出汽车发生火灾时的位置，同时标明目击者的位置及其与汽车的距离。为便于分析，应当把勘验笔录按照汽车零件或汽车系统详细分类。记录已散落的汽车零部件及火灾残留物的位置和状况。记录能够反映出火灾蔓延方向、起火部位和起火点特征的，汽车各部位及汽车周围物体的燃烧残留痕迹。

14.5.2 调查询问

建议分别对驾驶员、乘客、目击者、消防(灭火)人员和警方人员进行独立的调查询问，从中获得有助于现场勘验的信息。

除此之外，为获得火灾发生前汽车工况的相关信息，火灾调查人员应当向驾驶员或车主询问以下问题：

——汽车最后一次行驶的时间及行驶距离；

——汽车行驶的总里程数；

——汽车运转是否正常(失速、电气故障)；

——汽车最后一次维护的情况(换油、维修；

——汽车最后一次加油的时间及汽车油量；

——汽车停车的时间和地点；

——火灾发生前确定看到汽车；

——汽车是否安装下列设备——收音机、CD机、车载电台、移动电话、电动门窗、附加座椅、特制车轮、防盗装置等；

——汽车内是否存放私人物品。

如果汽车在行驶过程中起火，还应当询问以下问题：

——汽车已经行驶的距离；

——汽车行驶的路线；

——汽车是否装有货物，是否加拖车，是否快速行驶等等；

——汽车运转是否正常；

——汽车最后一次加油的时间及汽车油量；

——在何时，从何处先出现异味、烟或火焰；

——汽车行驶过程中有何症状；

——驾驶员的行为；

——观察到的现象；

——采取何种措施进行扑救及如何扑救；

——消防队到达之前，火灾持续燃烧的时间；

——火灾燃烧的总时间。

14.5.3 现场拍照

火灾调查人员对汽车火灾现场进行拍照，将汽车拖走之后可对汽车下的地面进行拍照。火灾调查人员应当从不同的角度，拍摄汽车车身、底盘及车厢内部全貌的照片，和能够反映火灾蔓延方向、起火部位及起火点特征的照片。火灾调查人员在清理过程中应拍照，以便记录各个物品的原始位置。

14.6 物证提取和鉴定

火灾调查人员应当提取能够确定起火原因的汽车火灾物证，包括：

——烟尘；

——炭化物；

——外来易燃液体及容器；

——车内储存的火灾危险品；

——泄漏的油品；

——带有熔痕的导线、金属电气件；

——用电设备；

——失效的零件。

14.7 分析汽车火灾过程

汽车火灾的过程是：故障出现—引发汽车火灾—火灾逐渐发展。建议火灾调查人员假设这一过程，并结合现场勘验和物证鉴定的情况，全面分析汽车发生火灾的原因。

14.8 汽车火灾原因认定

14.8.1 电气故障原因认定的条件

根据实际情况，选择使用以下条件：

a） 根据火灾燃烧痕迹特征，经现场勘验和调查询问等工作，可以确定起火部位。起火点大多在发动机舱或仪表板附近。

b） 在起火部位发现电气线路或电气设备发生故障，并提取到相关金属熔化痕迹等物证。物证经专业火灾鉴定机构进行鉴定分析，结果为一次短路熔痕或火前电热熔痕等结论。

c） 结合火灾现场实际情况，能够排除其他汽车火灾的危险性。

14.8.2 油品泄漏原因认定的条件

根据实际情况，选择使用以下条件：

a） 一般情况下汽车处于行使状态。发动机舱内油品燃烧后残留的烟熏痕迹较重，同时起火初期大多数情况下冒黑烟，且当事司机反映汽车起火前动力有不正常现象。

b） 起火部位可以确定在发动机舱内或底盘下面。在发动机舱内重点过热部位，如发动机缸体外壁、排气歧管、排气管等，发现有机油、柴油、传动液等油品燃烧残留物黏附其表面，同时找到存在的泄漏点。泄漏的汽油一般不能被炽热的表面所点燃。

c） 经现场勘验，在发动机舱内未发现有电气线路或电气设备的故障点，或者存在相关电气物证，物证鉴定结果均为二次短路熔痕等。

d） 结合现场勘验和调查询问情况，可以排除放火等人为因素引发火灾的可能性。

14.8.3 放火原因认定的条件

根据实际情况，选择使用以下条件：

a） 根据火灾燃烧痕迹特征，经现场勘验和调查询问，基本可以确定起火部位。

b） 判断存在一个或多个起火点，且大都在驾驶室内、发动机舱前部、前后轮胎、油箱附近等。

c） 经调查询问等一系列工作，发现存在骗取保险金或报复放火的人为因素。

d） 在起火部位附近有选择地提取相关物证，如窗玻璃附着烟尘、车体外壳附着烟尘、炭化残留物、地面泥土烟尘、可疑物品残骸以及事发现场附近墙壁树干隔离带等表面附着烟尘等。经专业火灾鉴定机构进行检测分析，结果为存在汽油、煤油、柴油或油漆稀剂等助燃剂或燃烧残留成分，且分析结果为助燃剂含量较大。通过现场勘验、物证提取和物证鉴定，可以排除汽车自身油品的干扰因素和其他干扰因素。

e） 经现场勘验，在发动机舱内未发现有电气线路或电气设备的故障点，或者存在相关电气物证，物证鉴定结果均为二次短路熔痕等。

f） 在起火部位提取的相关物证经技术鉴定分析未检出助燃剂成分，但经现场勘验确认起火部位无电气故障、油品泄漏或遗留火种的危险性。

14.8.4 遗留火种原因认定的条件

根据实际情况，选择使用以下条件：

a） 经现场勘验和调查询问，可确定起火部位。起火部位绝大多数在驾驶室。对于货车，可能在储物舱内；

b） 经现场勘验，在发动机舱内未发现有电气线路或电气设备的故障点，或者存在相关电气物证，物证鉴定结果均为二次短路熔痕等；

c） 在起火部位存在阴燃起火特征，且有局部燃烧炭化严重现象；

d） 可以排除人为因素，特别是放火骗取保险金的可能性；

e） 汽车火灾中遗留火种主要指烟头，确定车内人员的吸烟习惯，以及从离开车辆至起火的时间数据。

14.8.5 汽车火灾原因的基本认定条件

汽车本身是个复杂的整体，存在多种条件引发火灾的情况，而且外来起火因素更为复杂多样，上述的是四类常见汽车火灾原因认定方法。各种原因导致火灾的特征和特点是不同的，在实际火灾认定过程中要善于抓住各自特征和特点，特别要重视调查询问工作，从中快速准确地找到突破口，初步判断存在的起火因素，进而有目的地开展汽车火灾调查工作。

汽车火灾原因的基本认定条件为：

a） 分析火灾蔓延方向，确定起火部位及起火点；

b） 根据实际火灾情况收集、提取相关的物证，并进行必要的物证鉴定；

c） 综合现场勘验和物证分析的情况，认定汽车火灾的原因。

14.9 特殊情况

14.9.1 勘验不在火灾现场的汽车

在对汽车进行勘验之前，火灾调查人员应当尽量收集火灾现场的相关信息，包括汽车移走的日期、时间、地点，驾驶员、乘客和目击者的笔录，警方和消防部门的报告，汽车当前的存放位置，和被移走的方式等。汽车零件如果缺失，就应当确定该零件是在火灾发生前已经缺失，还是在火灾发生后掉落或缺失的。此外，汽车受环境的影响较大，特别是金属表面的痕迹容易发生氧化。存放发生火灾的汽车时，应当用帆布或其他毡布遮盖整个汽车。

即使汽车已从火灾现场移走，现场勘验工作对汽车火灾原因的认定仍然有所帮助。因此，火灾调查人员在勘验汽车之后，应当对汽车火灾现场进行勘验。

14.9.2 建筑物内的汽车

停放汽车的建筑物发生火灾后，如果汽车位置在起火点处，火灾调查人员应当先确定该火灾是否由汽车火灾引起。勘验过程还需进行以下工作，包括将汽车从整个火灾现场的残留物中移出，拆除发动机舱盖和汽车顶棚，清理车厢内的残留物，将汽车吊起检查汽车底盘的情况等。有的汽车为了维修或改装，停放在建筑物内，记录火灾发生时这些工作的情况尤为重要。

建筑物内其他部位先起火，当火灾蔓延到汽车停放的位置后，火焰在汽车上形成明显的燃烧痕迹。火焰能够破坏汽车的燃料系统(包括油管、油箱等)或其他系统的零件，并导致汽车漏油。

14.9.3 完全烧毁

完全烧毁的汽车，起火点的确定和火灾原因的认定都存在特殊的问题。火灾调查人员进行现场勘验时，应当全面记录汽车烧损的状态，确定汽车的构造，并最大程度的确定起火时汽车的状态。勘验汽车下方地面和汽车四周的残留物，以确定是否存在放火的可能性。

14.9.4 失窃汽车

已失窃的汽车或声称失窃的汽车需特殊对待。火灾非常小，是失窃的汽车发生意外火灾的共同点。但对于火灾后的汽车，同样要进行全面的勘验。汽车被盗的原因有很多。有的犯罪分子为了得到汽车零件而盗窃汽车，这些零件很难复原，如果将其复原之后，则很容易确定该零件被拆卸过。容易丢失的零件有：车轮、车身面板、发动机及变速器、安全气囊、立体声音响和座椅等。另一种偷车的动机是，犯罪分子用汽车进行其他犯罪活动。这些犯罪分子烧毁汽车，以此掩盖指纹之类的犯罪证据。他们不会拆卸车内的零件，而且用车内的物品放火。有的当事人故意烧毁汽车，然后谎称汽车被盗。这类存在欺诈为的汽车火灾具有一种明显的特征，即汽车的某些零件，如车轮、音响等被更换为次品。

14.9.5 专用汽车

专用汽车包括消防车、救护车、矿山开采用车、林业用车及大型农用车等满足专业行业要求的汽车。专用汽车除存在普通汽车的火灾危险性之外，其特有结构也存在相应的火灾危险性，火灾调查人员除进行常规勘验之外，还应当了解该汽车的特殊构造及其工作原理，分析各种火灾危险性。

15 爆炸

15.1 概述

爆炸是物质迅速发生性质、状态变化或体积膨胀，而造成压力急剧上升的一种现象。从动力学角度看，爆炸是物质的内能到动能的突然转换，是产生压力和释放压力的过程。

15.2 爆炸分类

根据爆炸现场特征分类，爆炸主要分为：

——固体物质爆炸；

——气体爆炸；

——粉尘爆炸；

——容器爆炸。

15.3 爆炸现场勘验

15.3.1 爆炸现场勘验内容

主要包括确定炸点、认定爆炸物和引火源、确定原因等。

15.3.2 爆炸现场的安全

火灾现场安全事项也适用于爆炸现场，除此之外爆炸现场还有一些特有的安全问题需要考虑，其中包括：

a） 爆炸使建筑物受到严重破坏甚至会发生整体坍塌；

b） 燃气或粉尘爆炸常常是多级爆炸，首批到场的人员应时刻警惕再次爆炸的发生；

c） 调查开始之前需对泄漏气体或可燃液体油层、空气中或物体表面的有毒物质进行安全处理。

15.3.3 现场初步勘验

15.3.3.1 确认爆炸或火灾以及爆炸物类型

根据现场破坏痕迹特征，判断是先发生爆炸还是先发生火灾，并根据爆炸的具体的位置，是在地面，还是在空间，或是在容器内，初步判断爆炸物类型。

15.3.3.2 分析爆炸特征

15.3.3.2.1 固体爆炸特征

固体爆炸主要特征包括：

——固体爆炸的炸点明显；

——炸点附近的抛出物细碎且量多；

——爆炸冲击波强度大，传播方向均匀，衰减快，能够导致人、畜等内脏器官的机械损伤；

——部分固体爆炸在炸点和抛出物的表面上有比较明显的烟痕。

15.3.3.2.2 气体爆炸特征

气体爆炸特征包括：

a） 现场没有明显的炸点。可以根据现场抛出物分布情况推断引爆点。

b） 击碎力小，抛出物块大、量少、抛出距离近。可以使墙体外移、开裂，门窗外凸、变形等。

c） 爆炸燃烧波作用范围广，能够使人、畜呼吸道烧伤。

d） 不易产生明显的烟熏。

e） 易产生燃烧痕迹。

15.3.3.2.3 粉尘爆炸现场特征

粉尘爆炸特征与气体爆炸特征类似，但具有较大的破坏程度和爆炸威力。

工业场所的粉尘爆炸的发生常常是多级爆炸。最初的着火和爆炸一般比随后的次级爆炸轻，然而首次爆炸使得其他的粉尘悬浮，容易导致再次爆炸。

15.3.3.2.4 容器爆炸现场特征

在容器爆炸现场中，容器裂片明显，而且抛出物数量不多、块大、距离不定，有时没有抛出物，只是容器整体抛出或移位。其爆炸冲击波具有明显的方向性，指向容器裂口。

15.3.3.3 **确定炸点**

根据爆炸冲击波方向，应用爆炸动力学进行分析，沿着力的方向从损坏程度最轻的地区到最严重的地区进行勘验，确定炸点的位置、形状和大小。

通常将破坏最严重的区域认定为炸点，而有时炸点也包括炸坑或其他局部严重损坏区域。气体和蒸气爆炸，其炸点一般定为密闭容器或起爆房间。

15.3.3.4 **确定爆炸物来源**

通过如下途径来确认爆炸物质来源：

a） 根据现场残留爆炸物分析确定爆炸种类。

b） 燃气设施或盛装易燃液体的罐体的状况、位置。

c） 加工过程中的副产物、粉尘，主要包括：

- 农产品；
- 碳质的物质，如煤和焦炭；
- 化学品；
- 药品，如阿司匹林和维生素 C；
- 染料和颜料；
- 金属粉，如铝、锰和钛；
- 塑料以及树脂，如合成橡胶等。

d） 易爆容器的情况。

15.3.3.5 **确定引爆源**

根据爆炸类型，确定引爆源。引爆源主要包括：

——固体爆炸：引爆源可能是雷管或其他烟火装置等；

——泄漏燃气和粉尘爆炸：要确定潜在的引爆源，如热表面、电弧、静电、明火、火花、化学物质等；

——易爆容器爆炸：要考虑容器内部压力上升的原因。

15.3.4 **细项勘验**

15.3.4.1 **勘验内容**

借助初步勘验结果，对爆炸的破坏和残骸进行更详尽的检查和分析。与火灾调查一样，火灾调查人员应对发现物进行详尽的标注、照相、绘图，并按 9.2 与 9.3 的要求对样品进行收集和保存。

15.3.4.2 **确认爆炸前或爆炸后所致损坏**

确认火烧或热损坏是由爆炸前发生的火灾还是爆炸的热效应引起的。

15.3.4.3 **确定爆炸的破坏效应**

爆炸产生的扩散型热波和压力波导致了爆炸特有的破坏效应。仔细检查现场，分析现场的破坏来自下述哪种效应。爆炸破坏效应主要包括：

——冲击波效应：破坏和死伤的主要原因；

——霰弹效应：可以造成极大的破坏和人员损伤，而且霰弹片常常能割断电线、切断煤气或其他易燃燃料供应管道，扩大爆炸后火灾的范围和强度或引起连带的爆炸；

——热效应:燃烧爆炸释放出的大量热能够将周围空气加热,并能点燃附近的可燃物或烧伤附近的人员;

——震动效应:爆炸导致建筑物倒塌撞击地面产生的震动能够对建筑及其地下设施、管道、油罐或电缆产生额外的破坏作用。

15.3.4.4 分析爆炸破坏因素

爆炸对建筑的破坏程度与许多因素有关,主要包括:

——爆炸物种类;

——爆炸物浓度;

——紊流效应;

——封闭空间体积;

——点火源的大小位置;

——通风;

——建筑物的强度。

15.3.4.5 物证定位和确认

爆炸的威力大,物证碎片的分散范围会很大,应对物证进行定位和确认,主要方法有:

——应当提取爆炸受伤者的衣服用于检查和分析;

——应当记录受损和移位的建筑构件状态和位置,如墙体、天花板、地板、屋顶、房地基、支撑柱、门、窗、走道、车道以及院落的情况;

——应记录任何受损或被置换的建筑的内部物品的状态和位置;

——应当记录公共设备的任何损坏和移动的情况和位置。

16 静电和雷击火灾

16.1 静电

16.1.1 概述

静电火灾难以通过对火灾现场特定残留物的鉴定,给火灾原因认定提供直接的证据。

静电火灾的调查工作基本上是围绕如下两个方面进行:

——排除其他引火源引起火灾的可能性;

——分析和测试事故前现场静电火灾条件形成的可能性。

16.1.2 常见的产生静电的作业与活动

常见的产生静电的作业与活动有以下方面:

a) 石油、化工、粮食加工、粉末加工、纺织企业用管道输送气体、液体、粉尘、纤维的作业;

b) 气体、液体、粉尘的喷射(冲洗、喷漆、压力容器、管道泄漏等);

c) 造纸、印染、塑料加工中用磙子传送纸、布、塑料以及动力传动皮带等;

d) 军工、化工生产中的碾压、上光;

e) 物料的混合、搅拌、过滤、过筛等;

f) 板型有机物料的剥离、快速开卷等;

g) 高速行驶的交通工具;

h) 人体在地毯上行走、离开化纤座椅、脱衣、梳理毛发、用有机溶剂洗衣、拖地板等活动。

16.1.3 静电火灾调查的内容

静电调查过程中，火灾调查人员应识别是否存在引火源的必要条件，对产生静电的机械装置进行分析，应对造成静电积聚的材料或器具以及它们的电导率、相对运动、接触和分离或者电子交换途径进行分析认定。静电火灾调查的主要内容包括如下：

——对积聚电荷到能够以引燃电弧的形式放电进行识别，鉴定积聚电荷或者作为电弧放电对象的材料的联接、接地状态。

——获取当地气象条件的记录，包括相对湿度的数据。影响静电积聚或者消散（松弛）的其他因素也要考虑在内。

——尽可能准确地认定静电电弧的位置。如果发生了静电电弧，也几乎没有任何实际的直接物证，偶尔有证人叙述在着火时有电弧发生。不论如何，调查员应当尽力通过具体的物证和环境的证据来证实证人叙述的真实性。

——认定电弧的放电是否有充足的能量成为点火源，能否引燃最初的可燃物。

——计算出对应于电弧的间隙的大小、电弧的电压和能量来认定能否产生可引燃电弧。

——对于电弧和最初的可燃物找出其在相同时间相同地方存在的可能性。

16.1.4 静电火灾调查需考虑的事项

16.1.4.1 接地良好不能完全避免静电火灾

装置设备中可能存在绝缘介质或绝缘体，还可能存在与装置绝缘的导体，如油罐中的油面、反应釜人孔上的密封件、悬浮在油面上的浮子等。这些物体上的静电不能因装置接地而被导走。

16.1.4.2 没有接地不能肯定为静电火灾

静电是微弱电荷，电阻很大也容易导走，只要装置对地电阻小于 $10^6\ \Omega$，或大气湿度超过 70%，就不能发生静电积累和放电事故，因此不能根据装置没接地，或接地不合格，就肯定为静电火灾。

16.2 雷击

16.2.1 概述

雷电是静电的一种形式，是大气中的放电现象。雷电通常分为直击雷、感应雷、雷电波侵入和球雷等。

16.2.2 雷击火灾调查

16.2.2.1 雷击时间与起火时间

雷击时产生的高温足以使一切可燃物燃烧起火，雷电波沿架空线路或金属管线侵入室内使电气设备发热打弧也足以使易燃、可燃气体或液体爆炸。这种引燃过程瞬间可发生，故雷击时间与起火时间应是一致的。

雷击发生于雷雨天气，若加上某些因素如雨大，可燃物潮湿的影响，雷击时可能引起的局部着火会熄灭而形成不了火灾；雷击过后，也不会因留下雷击的火种，在一段时间以后使可燃物复燃。因此，雷击与起火时间一致的原则是判断雷击火灾的重要依据之一。

16.2.2.2 雷击点与起火点

直击雷火灾与起火点可能在一处，也可能不在一处。前一种情况是出现在雷直接打在可燃物（如森林、草垛、货箱、木结构建筑等)上的时候;后一种情况则是由于雷击在非可燃物(如金属杆、屋顶、烟囱、砖墙等)上,但在雷击点附近的金属丝或电气线路上感应出雷电波引起了其他部位上的易燃、可燃物燃烧或爆炸。

球雷火灾中,球雷遇到物体的爆炸处往往与起火点是一致的。

雷击火灾的起火点应在雷击点处,或在雷电通道和雷电波传播的途径的附近。如果现场的起火点位置不具备这个特点,应重新考虑火灾原因。

16.2.2.3 正确认识避雷针的防雷作用

避雷针的防雷作用不在于避雷,而在于接受雷电流,并安全地把它导入大地。因此,避雷针是用于防止直击雷的破坏。在某些安装有避雷针的情况下,仍时有雷击火灾的发生。

16.2.3 雷击破坏痕迹的鉴定方法

16.2.3.1 金相分析

建筑物金属构件、收音机金属天线、金属管道、防雷装置的接闪器、引下线等,由于雷击而产生的金属熔痕的金相组织类似电熔痕,可以与火烧熔痕区别开。因为雷电作用温度高于火灾现场的火灾温度,且作用时间极短(直击雷主放电时间一般为 0.05 ms~0.10 ms,总放电时间不超过 100 ms~130 ms),故能造成金属表面的熔化,熔痕的金相组织致密细小。

电气线路和设备受雷击造成的短路熔痕,在金相组织上更容易与火烧熔痕相区别,这种雷击短路熔痕分布面广、线长,在整个电流经过的线路和设备上都可能出现。

16.2.3.2 中性化检验

受雷击而未经过火烧的混凝土构件,其水泥在雷电高温作用下氢氧化钙会转变成中性的氧化钙,通过检验雷击部位混凝土构件的碱性,即可判断受雷电高温作用情况。

16.2.3.3 剩磁检验

雷击造成的现场上铁磁性材料的剩磁,可以利用特斯拉计进行检测。雷电流一般可使附近铁磁性金属件产生大于 1 mT 的剩磁。

附 录 A
（资料性附录）
火灾科学基础

A.1 燃烧四面体

A.1.1 概述

燃烧反应能够用四个要素表征：可燃物、氧化剂、热量和化学链式反应。这四个要素可以用传统的四面实心几何图形（被称为四面体）表示。控制或消除一个或多个要素，燃烧就不能发生了。

A.1.2 可燃物

可燃物是能够燃烧的任何物质。其状态与温度、压强有关，可以随条件变化而改变。可燃物可分为：

——有机可燃物，如木材、塑料、汽油、酒精和天然气等；

无机可燃物，如镁或钠等可燃金属以及硫、磷等非金属可燃物。

A.1.3 氧化剂

大多数情况下，氧化剂就是大气中的氧气。此外还有化学氧化剂，例如，硝酸铵化肥、硝酸钾和过氧化氢等，它们容易释放出活泼氧。

在富氧的环境下，例如使用医用氧气的区域、高压潜水舱或医疗舱中，燃烧速度大大加快，甚至有些在空气中不易被引燃或燃烧缓慢的物质也能够剧烈燃烧。有的可燃物，在氧气含量很低的环境中，也能燃烧。环境温度越高，需氧量越低。室温为 21 ℃，空气中的氧含量达 14%～16%条件下，能继续保持有焰燃烧，而在轰燃后，氧浓度接近 0%时，有焰燃烧仍可持续。

A.1.4 热量

火灾四面体的热量要素表示高出释放可燃物蒸气和造成引燃所必需的最小热量值。热量通常用加热速率（J/s）或用一段时间接受的总热能（J）来表示。在一场火灾中，热量产生可燃物蒸气并将其引燃。可燃物燃烧的热量维持了蒸气的产生和引燃过程的循环，从而加速火灾的发展和火焰的传播。

A.1.5 化学链式反应

燃烧是一组复杂的化学链式反应，反应每进行一步，都需要上一步反应提供能量或自由基，当化学反应链被截断后，反应即刻停止。

A.2 传热

A.2.1 概述

传热是火灾中的一个重要因素，它对火灾的引燃、扩大、传播、衰退和熄灭都有影响。热量传递还对火灾调查人员用于确定火灾起火点和起火原因的物证有很大影响。传热机理主要有三种：传导、对流和辐射。在火灾调查中，所有这三种传热方式都起作用，对每一种都需要了解。

A.2.2 传导

热传导是固体物质被部分加热时内部的传热形式。能量从受热区传到未受热区。传热速率与温差以及材料的物理性质有关。

向一个物体传热就会影响它的表面温度，因此热传导是起火的一个重要因素，也是火灾蔓延的重要因素之一。通过金属壁面或沿着金属管道、金属梁传导的热量能够引起与受热金属接触的可燃物起火。通过金属紧固物，如钉子、铁板或螺栓传导的热量能够导致火灾蔓延或使结构构件失效。

A.2.3 对流

对流是指热的液体或气体向环境中较冷的部位流动传递热能的一种传热方式。当热气体通过较冷的表面时，它借助对流将热量传给固体。

火灾初期热气体从起火点向房间上部和建筑物各处流动，这时对流传热起着主要作用。随着房间温度上升达到轰燃，对流将继续，但是辐射作用迅速增大，成为主要传热方式。甚至在轰燃之后，烟气、热气体的对流传热仍是建筑物内热量传播中一个重要途径。这种对流能够将火焰、毒气或燃烧产生的有害产物传播到远处。

A.2.4 辐射

辐射是指热能在介质中以电磁波形式传递热量的方式。辐射只能以线性传递，虽然中间介质可以降低或阻挡辐射能，但不一定能全部阻挡。

辐射热的传热速率与辐射源的绝对温度、目标物的绝对温度有关。辐射体与目标物之间的距离会大大地影响辐射传热速率。随着距离增加，辐射到单位面积上的能量会减小，减小方式与辐射源的大小以及到目标物的距离有关。

A.3 引燃

A.3.1 概述

大多数物质的燃烧都需处于气态或蒸气状态，而有些物质能直接以固态形式燃烧，如某些形态的炭和镁。可燃物的引燃时间和引燃能量与引火源的能量、可燃物的最小点火能量以及可燃物的几何形状等因素有关。要使可燃物温度升高，向可燃物传热的速率就必须大于可燃物由于导热、对流、辐射及相态转变、化学变化造成的能量损失之和。

A.3.2 固体可燃物的引燃

固体可燃物的燃烧发生在其表面受热产生的蒸气区中。固体可燃物受热时，产生的可燃蒸气或热解产物释放到大气中，与空气适当地混合，若存在合适的引火源或温度达到了其自燃点，那么它们才能被引燃。

影响固体可燃物的引燃因素主要包括如下三种：

a） 可燃物的密度。密度大的物质（如木材、塑料）向外传导的能量要快于密度小的物质。密度小的物质有绝缘体的作用，让能量保持在表面。

b） 可燃物的比表面积。物质的比表面积也对引燃需要的能量有着影响。比表面积大的可燃物质更容易燃烧。

c） 可燃物的厚度。薄材料比厚材料更容易燃烧。图 A.1 说明了薄材料和厚材料的引燃能量和引燃时间之间的关系。

A.3.3 可燃液体的引燃

液体蒸气欲形成可点燃的混合气，液体应当处在或高于它的闪点温度条件下。大多数液体即使在稍低于其闪点时，但由于引火源能够产生一个局部加热区，也可以引燃。

雾化的液体或雾滴（具有大比表面积）更容易被引燃。

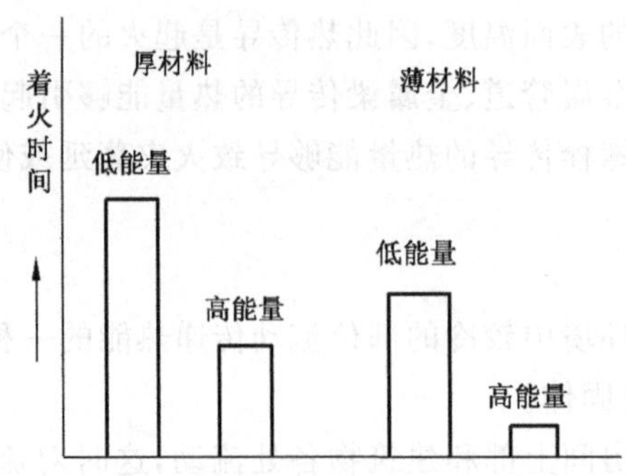

图 A.1 不同厚度材料引燃能量与引燃时间的关系

A.3.4 可燃气体的引燃

在石油化工企业生产中，会产生各种可燃气体，或使用可燃气体作原料，在日常生活中，会使用液化石油气、天然气做燃料。这些气体与空气混合后遇合适的引火源，不但可以燃烧，甚至可能产生爆炸。

A.3.5 物质的引燃性能

表 A.1 列出了一些固体可燃物、可燃液体和可燃气体引燃性能的数据。

表 A.1 一些物质的引燃性能

物质		引燃温度 ℃	最小点火能 mJ
固体	聚乙烯	488	—
	聚苯乙烯	573	—
	聚氯乙烯	507	—
	软木	320～350	—
	硬木	313～393	—
粉尘	铝	610	10
	煤	730	100
	谷物	430	30
液体	丙酮	465	1.15
	苯	498	0.22
	乙醇	363	—
	汽油	456	—
	煤油	210	—
	甲醇	464	0.14
	丁酮	404	0.53
	甲苯	480	2.5
气体	乙炔	305	0.02
	甲烷	537	0.28
	天然气	482～632	0.30
	丙烷	450	0.25

A.3.6 自燃

A.3.6.1 易发生自燃的物质

某些物质具有自然生热而使自身温度升高的性质，物质自然生热达到一定温度时就会发生自燃。

易发生自燃的物质主要包括：

——氧化放热物质，如动植物油类、鱼骨粉、煤、橡胶、棉籽废蚕丝等；

——分解放热物质，如硝化棉、赛璐珞等；

——发酵放热物质，如植物秸秆、果实等；

——金属粉末类物质。

A.3.6.2 影响自燃发生的因素

影响自燃发生的因素主要有以下三种：

a） 产生热量的速率。自燃过程中热量产生的速率很慢，若发生自燃，自燃性物质产生热量的速率就应快于物质向周围环境散热或传热的速率。当自燃性物质的温度升高时，升高的温度会导致热量产生速率的增加。

b） 通风效果。自燃需要有适量的空气可供氧化，因为良好的通风条件又会造成自燃产生的热量损失，从而阻断自燃。

c） 物质周围环境的保温条件。

A.3.7 向有焰燃烧的转换

由阴燃源（如香烟）或者自燃导致有焰燃烧开始时，出现明火燃烧可能需要很长时间。然而一旦开始了有焰燃烧，由于可燃物已经被预热，火灾会迅速发展、蔓延。

A.4 火灾的发展

A.4.1 火羽流

冷空气借助上升的热气团被吸入地面之上的火羽流中，由于冷空气向火羽流的流入导致火羽流温度随着高度增加而降低。

这种火灾的蔓延主要靠辐射引燃周围可燃物。在固体物品上，火的蔓延速率通常很慢，但借助空气流动，火灾有时也会蔓延很快。

A.4.2 非受限火灾

当火的上方没有天花板并且火又远离墙壁时，火羽流的热气团和烟会继续垂直上升，直到它们冷却到周围空气的温度。此时，烟将分层，然后扩散到空气中去。室外火灾会出现这种情况。在建筑物火灾的最初阶段，火羽流很小或者火灾发生在很大体积的空间里，而且顶棚很高，（如有天井的建筑物内）能够出现上述情况。在非受限火灾中火的蔓延主要靠辐射引燃附近的可燃物。

A.4.3 受限火灾

A.4.3.1 顶棚（天花板）对火灾发展的影响

当火灾的上方有顶棚而且远离墙壁时，火羽流中的热气体和烟气上升遇到顶棚，然后沿顶棚向各个方向传播，直到被隔墙挡住为止。随着热烟气沿火羽流中心线向外流动，会在顶棚下形成—层薄薄的热烟气。热量从这层传到冷的顶棚上部，冷空气从下面裹入。这一薄层烟气距火羽流中心线越近，烟层厚度越厚，温度也越高。随着离火羽流中心线的距离增加，该层变浅、变冷。

有顶棚限制时，火灾传播受多种因素影响，如可燃顶棚或墙体材料的引燃、附近的可燃物的引燃或者上述因素的组合决定。烟气可以借助对流和辐射将热量传给上面的物质。烟层下方的传热主要靠辐射完成。当火羽流被顶棚限制时，火灾的发展将快于火羽流不受限制的情况。

A.4.3.2 室内火灾的发展

火灾燃烧过程中产生大量的热烟气，这些热烟气在蔓延途径中受到天花板、墙壁、门窗的限制，在燃烧的几个典型阶段中呈现出不同的蔓延模型。主要包括如下过程：

a） 火灾初期。天花板下的热烟气层很薄，并向四周蔓延（如图 A.2 所示）。当烟气层进一步加厚，达到门、窗上部时，烟气通过通风口向外蔓延。

b） 轰燃前。随着烟气层的厚度增加，热烟气的温度也进一步升高，其辐射热将加热室内的可燃物，此时热烟气从门上部缝隙向外扩散，而冷空气从门底部缝隙补充进室内，形成典型的烟气蔓延模型（如图 A.3 所示）。

c） 轰燃。随着火灾的发展扩大，天花板层的气体温度可达 480 ℃，大大增强了对室内可燃物的辐射强度，使可燃物的表面温度上升，释放出热解气。当上层温度达到 590 ℃时，热解气被引燃，产生轰燃（如图 A.4 所示）。但是，在大空间或高顶棚房间内或者可燃物很少时，不易发生轰燃。

d） 轰燃后。该阶段中室内的所有可燃物都开始燃烧，并释放出更多的热量（如图 A.5 所示）。

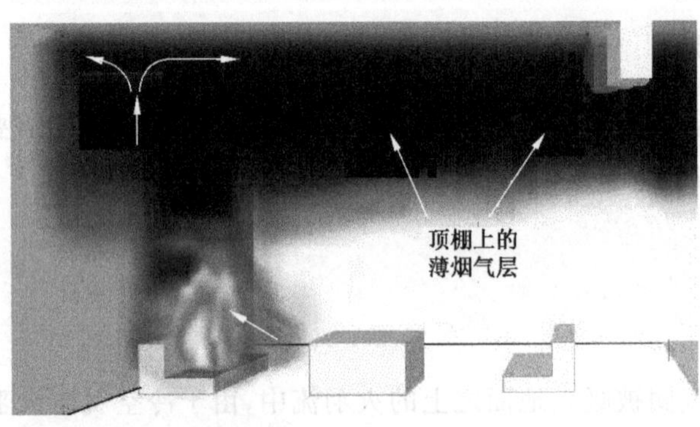

图 A.2 室内火灾的初期

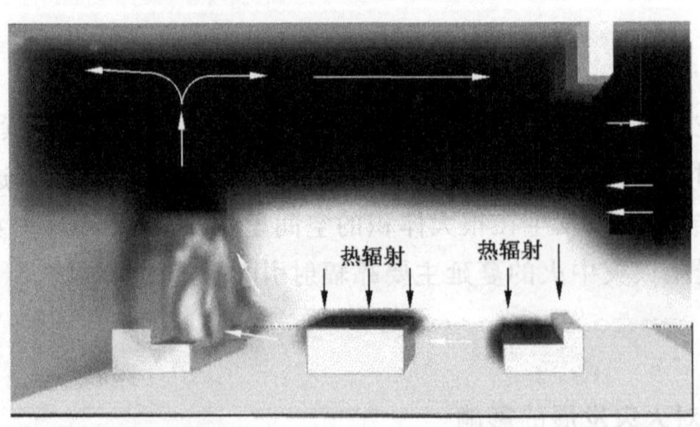

图 A.3 室内火灾轰燃前

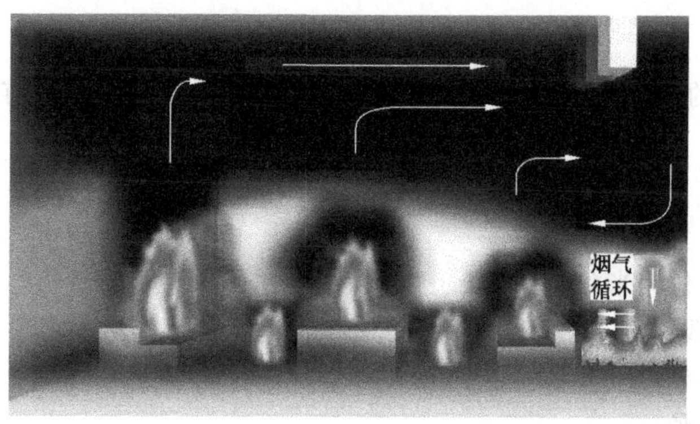

图 A.4　室内火灾轰燃

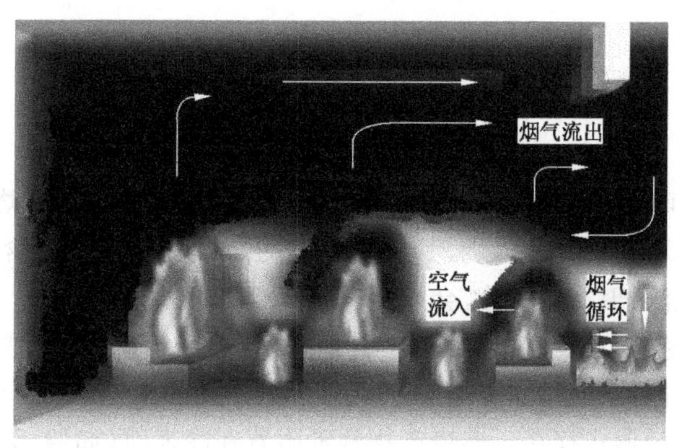

图 A.5　轰燃后室内火灾燃烧情况

A.4.3.3　影响室内火灾发展的因素

A.4.3.3.1　通风口

在封闭空间发生火灾时，通风口的大小对于火灾的发展起着决定性作用。轰燃时可燃物的热释放速率与通风口的面积和通风口的高度成正比。

A.4.3.3.2　房间的体积和天花板高度

室内火灾发展到轰燃阶段时，室内的温度必须达到可燃物的着火温度。较高的天花板或大空间将延迟到达着火温度的时间，因此有可能延迟或阻止轰燃的出现。

A.4.3.3.3　起火点的位置

起火点的位置对轰燃可以产生如下的影响：

a）当起火点远离墙壁时，空气自由地从所有方向流入火羽流并与可燃气混合。空气进入燃烧区时，使火羽流的上面部分得到冷却；
b）当起火点靠近墙壁时，进入火羽流的空气被一面墙限制，导致火焰高度增高，天花板层中的气体温度上升更快，产生轰燃的时间变短；
c）当起火点位于屋角时，进入火羽流的空气被两面墙限制，导致火焰高度更高，火羽流和天花板层的气体温度更高，轰燃发生的时间更早。

A.4.4 火焰高度

火焰高度与可燃物的热释放速率(HRR)以及是否靠近墙壁等阻挡物有关。火焰高度可按下式推算：

$$H_f = 0.174(kQ)^{0.4}$$

式中：

H_f——火焰高度,单位为米(m)；

k ——壁面效应系数；

Q ——可燃物的热释放速率,单位为千瓦(kW)；

k 值可以采用下述各值：

——远离墙壁时,$k=1$；

——靠近墙壁时,$k=2$；

——靠近墙角时,$k=4$。

A.5 燃烧产物

燃烧产物随可燃物与可用空气量的不同有很大的变化,主要包括完全燃烧和不完全燃烧两种情况：

a） 完全燃烧。烃类可燃物完全燃烧,其燃烧产物为二氧化碳和水。含氮、氯的可燃物,如丝绸、羊毛和聚氨酯泡沫、聚氯乙烯等,会产生氧化氮、氢氰酸、氯化氢。

b） 不完全燃烧。当空气不足时,为通风控制型火灾,燃烧产物包括热降解产物、一氧化碳、碳粒等。燃烧产物以固体、液体和气体三种状态存在。很多不完全燃烧的产物以蒸气或者很小的焦油雾滴或气雾剂形式存在。燃烧产物常常附着在冷表面(如墙、天花板和玻璃)上形成烟熏痕迹,这些烟熏痕迹有助于确定起火点和火的蔓延方向。

参 考 文 献

［1］ NFPA 921 Guide for Fire and Explosion Investigations 2004 Edition.

［2］ 中国人民武装警察部队学院消防工程系.中加防火业务全书［M］.吉林：吉林人民出版，2000.2.

［3］ 张元祥.消防技术规范实施手册［M］.北京：中国奥林匹克出版社.1996.7.

［4］ 周文俊.电气设备实用手册(上、下)［M］.北京：中国水利水电出版社.1999.1.

［5］ 新编电气工程师实用手册编委会.新编电气工程师实用手册［M］.北京：中国水利水电出版社.1998.8.

［6］ 彭世尼.燃气安全技术［M］.重庆：重庆大学出版社.2005.10.

［7］ 马良涛.燃气输配［M］.北京：中国电力出版社.2004.8.

［8］ 中国人民共和国公安部消防局.中国消防手册第八卷　火灾调查·消防刑事案件［M］.上海：上海科学技术出版社.2006.12.

［9］ 金河龙.火灾痕迹物证与原因认定［M］.吉林：吉林科学技术出版社，2005.4.

ICS 13.220.20
C 82

中华人民共和国消防救援行业标准

XF 839—2009

火灾现场勘验规则

Rules for fire scene processing

2009-07-09 发布

2009-08-01 实施

中华人民共和国应急管理部　公布

前　言

根据公安部、应急管理部联合公告(2020年5月28日)和应急管理部2020年第5号公告(2020年8月25日),本标准归口管理自2020年5月28日起由公安部调整为应急管理部,标准编号自2020年8月25日起由GA 839—2009调整为XF 839—2009,标准内容保持不变。

本标准的4.1、4.2、4.5、4.6、4.7、4.8、4.10、4.11内容为强制性的,其余为推荐性的。

本标准由公安部消防局提出。

本标准由全国消防标准化技术委员会火灾调查分技术委员会(SAC/TC 113/SC 11)归口。

本标准主要起草单位:公安部消防救援局。

本标准主要起草人:王刚、谈迅、袁政、米文忠、孙一飞、陈亚锋、鲁志宝、金开能、曾文伟、刘激扬。

引　言

调查火灾原因是公安机关消防机构的法定职责，通过查明火灾原因，研究火灾发生、发展的规律，总结防火、灭火工作经验和教训，为改进和加强消防工作提供依据。为了指导和规范公安机关消防机构火灾现场勘验行为，增强火灾现场勘验工作的科学性、公正性和权威性，提高公安机关消防机构火灾调查质量，依据国家现行消防法律和规章，制定本标准。

火灾现场勘验规则

1 范围

本标准规定了火灾现场勘验的术语和定义及技术要求，提出了火灾现场勘验的程序和方法。

本标准适用于公安机关消防机构对火灾现场的勘验工作。

2 规范性引用文件

下列文件中的条款通过本标准的引用而成为本标准的条款。凡是注日期的引用文件，其随后所有的修改单(不包括勘误的内容)或修订版均不适用于本标准，然而，鼓励根据本标准达成协议的各方研究是否可使用这些文件的最新版本。凡是不注日期的引用文件，其最新版本适用于本标准。

GB/T 5907　消防基本术语　第一部分

GB/T 14107　消防基本术语　第二部分

GB 16840.1　电气火灾原因技术鉴定方法

GB/T 20162　火灾技术鉴定物证提取方法

GA 502—2004　消防监督技术装备配备

3 术语和定义

GB/T 5907、GB/T 14107、GB 16840.1、GB/T 20162、GA 502—2004 确立的，以及下列术语和定义适用于本标准。

3.1

火灾现场勘验　fire scene processing

现场勘验人员依法并运用科学方法和技术手段，对与火灾有关的场所、物品、人身、尸体表面等进行勘查、验证，查找、检验、鉴别和提取物证的活动。

3.2

现场询问　on-scene interrogation

为现场勘验提供勘验重点，印证现场勘验所获取的证据材料所进行的打听、发问。

3.3

现场分析　on-scene analysis

综合现场勘验、现场询问情况，对所获取的证据材料、调查线索进行筛选、研究、认定的过程。

3.4

放火案件线索　arson clue

现场勘验、调查询问过程中发现的能够证明放火嫌疑的各种痕迹、物品、迹象、信息等。

4 技术要求

4.1 一般要求

4.1.1 公安机关消防机构火灾现场勘验装备应符合 GA 502—2004 中 5.2.1.2 的相关规定，技术条件应能够满足实际工作的需要，并应处于完好状态。

4.1.2 负责火灾调查管辖的公安机关消防机构接到火灾报警后，应立即派员携带装备赶赴火灾现场，及时开展现场勘验活动。

4.2 现场勘验管辖

4.2.1 火灾现场勘验由负责火灾调查管辖的公安机关消防机构组织实施，火灾当事人及其他有关单位和个人予以配合。

4.2.2 具有下列情形的火灾，公安机关消防机构应立即报告主管公安机关通知具有管辖权的公安机关刑侦部门参加现场勘验：

a） 有人员死亡的火灾；
b） 国家机关、广播电台、电视台、学校、医院、养老院、托儿所、幼儿园、文物保护单位、邮政和通信、交通枢纽等社会影响大的单位和部门发生的火灾；
c） 具有放火嫌疑的火灾。

4.2.3 发现放火案件线索，涉嫌放火罪的，经公安机关消防机构负责人批准，将现场和调查材料一并移交公安机关刑侦部门并协助勘验；确认为治安案件的，移交治安部门。

4.3 现场勘验职责

4.3.1 火灾现场勘验的主要任务是发现、收集与火灾事实有关的证据、调查线索和其他信息，分析火灾发生、发展过程，为火灾认定，办理行政案件、刑事诉讼提供证据。

4.3.2 火灾现场勘验工作主要包括：现场保护、实地勘验、现场询问、物证提取、现场分析、现场处理，根据调查需要进行现场实验。公安机关消防机构勘验火灾现场由现场勘验负责人统一指挥，勘验人员分工合作，落实责任，密切配合。

4.3.3 火灾现场勘验负责人应具有一定的火灾调查经验和组织、协调能力，现场勘验开始前，由负责火灾调查管辖的公安机关消防机构负责人指定。

4.3.4 现场勘验负责人应履行下列职责：

a） 组织、指挥、协调现场勘验工作；
b） 确定现场保护范围；
c） 确定勘验、询问人员分工；
d） 决定现场勘验方法和步骤；
e） 决定提取火灾物证及检材；
f） 审核、确定现场勘验见证人；
g） 组织进行现场分析，提出现场勘验、现场询问重点；
h） 审核现场勘验记录、现场询问、现场实验等材料；
i） 决定对现场的处理。

4.3.5 现场勘验人员应履行下列职责：

a） 按照分工进行现场勘验、现场询问；
b） 进行现场照相、录像，绘制现场图；
c） 制作现场勘验记录，提取火灾物证及检材；
d） 向现场勘验负责人提出现场勘验工作建议；
e） 参与现场分析。

4.4 现场保护

4.4.1 火灾现场勘验人员到达现场后应及时对现场外围进行观察，确定现场保护范围并组织实施保护，必要时通知公安机关有关部门实行现场管制。

4.4.2 凡留有火灾物证的或与火灾有关的其他场所应列入现场保护范围。

4.4.3 封闭火灾现场的，公安机关消防机构应在火灾现场对封闭的范围、时间和要求等予以公告，采用设立警戒线或者封闭现场出入口等方法，禁止无关人员进入。情况特殊确需进入现场的，应经火灾现场勘验负责人批准，并在限定区域内活动。

4.4.4 对位于人员密集地区的火灾现场应进行围挡。

4.4.5 火灾现场勘验负责人应根据勘验需要和进展情况，调整现场保护范围，经勘验不需要继续保护的部分，应及时决定解除封闭并通知火灾当事人。

4.4.6 火灾现场勘验人员应对可能受到自然或者其他外界因素破坏的现场痕迹、物品等采取相应措施进行保护。在火灾现场移动重要物品，应采用照相或者录像等方式先行固定。

4.5 实地勘验

4.5.1 公安机关消防机构勘验火灾现场，勘验人员不应少于二人。勘验现场时，应邀请一至二名与火灾无关的公民做见证人或者通知当事人到场，并应记录见证人或者当事人的姓名、性别、年龄、职业、联系电话等。

4.5.2 火灾现场勘验人员到达火灾现场后，应观察火场燃烧情况，向知情人了解有关火灾情况，注意收集围观群众的议论，重要情况及时向现场勘验负责人报告。

4.5.3 火灾现场勘验发现火灾场所、建筑有自动消防设施、监控设备等，勘验人员可以向有关单位和个人调取相关的火灾信息资料。

4.5.4 现场勘验人员进入现场勘验之前，应查明以下可能危害自身安全的险情，并及时予以排除：

a） 建筑物可能倒塌、高空坠物的部位；

b） 电气设备、金属物体是否带电；

c） 有无可燃、有毒气体泄漏，是否存在放射性物质和传染性疾病、生化性危害等；

d） 现场周围是否存在运行时可能引发建筑物倒塌的机器设备；

e） 其他可能危及勘验人员人身安全的情况。

4.5.5 火灾现场勘验人员勘验现场时，应按规定佩带个人安全防护装备。

4.5.6 在道路上勘验车辆火灾现场，应按规定设置警戒线、警示标志或者隔离障碍设施，必要时通知公安交通管理部门实行交通管制。

4.5.7 执行现场勘验任务的人员，应佩带现场勘验证件。

4.5.8 火灾现场已被清理或者破坏，无法认定起火原因、统计直接经济损失的，也应制作现场勘验记录，载明现场被清理或者破坏的情况。

4.5.9 火灾现场勘验应遵守“先静观后动手、先照相后提取、先表面后内层、先重点后一般”的原则，按照环境勘验、初步勘验、细项勘验和专项勘验的步骤进行，也可以由火灾现场勘验负责人根据现场实际情况确定勘验步骤：

a） 在观察的基础上拟定勘验范围、确定环境勘验顺序，主要内容是：

  1） 现场周围有无引起可燃物起火的因素，如现场周围的烟囱、临时用火点、动火点、电气线路、燃气、燃油管线等；

  2） 现场周围道路、围墙、栏杆、建筑物通道、开口部位等有无放火或者其他可疑痕迹；

  3） 着火建筑物等的燃烧范围、破坏程度、烟熏痕迹、物体倒塌形式和方向；

  4） 现场周围有无监控录像设备；

  5） 环境勘验的其他内容。

b） 通过观察判断火势蔓延路线，确定起火部位和下一步的勘验重点，初步勘验的主要内容是：

  1） 现场不同方向、不同高度、不同位置的烧损程度；

2） 垂直物体形成的受热面及立面上形成的各种燃烧图痕；

3） 重要物体倒塌的类型、方向及特征；

4） 各种火源、热源的位置和状态；

5） 金属物体的变色、变形、熔化情况及非金属不燃烧物体的炸裂、脱落、变色、熔融等情况；

6） 电气控制装置、线路位置及被烧状态；

7） 有无放火条件和遗留的痕迹、物品；

8） 初步勘验的其他内容。

c） 根据燃烧痕迹、物品确定起火点。细项勘验的主要内容是：

1） 起火部位内重要物品的烧损程度；

2） 物体塌落、倒塌的层次和方向；

3） 低位燃烧图痕、燃烧终止线和燃烧产物；

4） 物体内部的烟熏痕迹；

5） 设施、设备、容器、管道及电气线路的故障点；

6） 尸体的位置、姿态、烧损部位、特征和是否有非火烧形成的外伤。烧伤人员的烧伤部位和程度；

7） 细项勘验的其他内容。

d） 查找引火源、引火物或起火物，收集证明起火原因的证据。专项勘验的主要内容是：

1） 电气故障产生高温的痕迹；

2） 机械设备故障产生高温的痕迹；

3） 管道、容器泄漏物起火或爆炸的痕迹；

4） 自燃物质的自燃特征及自燃条件；

5） 起火物的残留物；

6） 动用明火的物证；

7） 需要进行技术鉴定的物品；

8） 专项勘验的其他内容。

4.5.10 火灾现场勘验人员应对现场中的尸体进行表面观察，主要内容是尸体的位置、姿态、损伤、烧损特征、烧损程度、生活反应、衣着等。

4.5.11 翻动或者将尸体移出现场前应编号，通过照相或者录像等方式，将尸体原始状况及其周围的痕迹、物品进行固定。观察尸体周围有无凶器、可疑致伤物、引火物及其他可疑物品。

4.5.12 现场尸体表面观察结束后，公安机关消防机构应立即通知本级公安机关刑事科学技术部门进行尸体检验。公安机关刑事科学技术部门应出具尸体检验鉴定文书，确定死亡原因。

4.5.13 火灾现场勘验可以根据实际情况采用剖面法、逐层法、复原法、筛选法和水洗法等。

4.6 现场勘验记录

4.6.1 火灾现场勘验结束后，现场勘验人员应及时整理现场勘验资料，制作现场勘验记录。现场勘验记录应客观、准确、全面、翔实、规范描述火灾现场状况，各项内容应协调一致，相互印证，符合法定证据要求。现场勘验记录包括现场勘验笔录、现场图、现场照片和现场录像等。

4.6.2 现场勘验笔录应与实际勘验的顺序相符，用语应准确、规范。同一现场多次勘验的，应在初次勘验笔录基础上，逐次制作补充勘验笔录。现场勘验笔录主要包括以下内容：

a） 发现火灾的时间、地点，发生火灾单位名称、地址、起火部位，勘验时的气象情况，现场勘验工作开始和结束时间，记录人等；

b） 现场勘验负责人、勘验人员姓名、单位、职务；

c） 现场勘验的过程和勘验方法；

d） 现场的位置、建筑结构，主要存放物品、设备、主要烧毁物品、燃烧面积等情况；

e） 整体燃烧程度，尸体、重要物品的位置、状态、数量和燃烧痕迹；

f） 提取的痕迹物证名称、数量、特征、地点及提取方式；

g） 其他与起火部位、起火点、引火源、引火物有关的痕迹物品；

h） 现场勘验人员及见证人或者当事人签名。

4.6.3 火灾现场勘验人员应制作现场方位图、现场平面图，绘制现场平面图应标明现场方位照相、概貌照相的照相机位置，统一编号并和现场照片对应。根据现场需要，选择制作现场示意图、建筑物立面图、局部剖面图、物品复原图、电气复原图、火场人员定位图、尸体位置图、生产工艺流程图和现场痕迹图、物证提取位置图等。

4.6.4 绘制现场图应符合以下基本要求：

a） 重点突出、图面整洁、字迹工整、图例规范、比例适当、文字说明清楚、简明扼要；

b） 注明火灾名称、过火范围、起火点、绘图比例、方位、图例、尺寸、绘制时间、制图人、审核人，其中制图人、审核人应签名；

c） 清晰、准确反映火灾现场方位、过火区域或范围、起火点、引火源、起火物位置、尸体位置和方向。

4.6.5 现场照相的步骤，宜按照现场勘验程序进行。勘验前先进行原始现场的照相固定，勘验过程中应对证明起火部位、起火点、起火原因物证重点照相。

4.6.6 现场照相分为现场方位照相、概貌照相、重点部位照相和细目照相。现场照片应与起火部位、起火点、起火原因具有相关性，并且真实、全面、连贯、主题突出、影像清晰，色彩鲜明。制作档案应采用冲印或者专业相纸打印的照片，照片底片或者原始数码照片应妥善保管。

现场照相还应遵循如下原则：

a） 现场方位照相应反映整个火灾现场和其周围环境，表明现场所处位置和与周围建筑物等的关系；

b） 现场概貌照相应拍照整个火灾现场或火灾现场主要区域，反映火势发展蔓延方向和整体燃烧破坏情况；

c） 现场重点部位照相应拍照能够证明起火部位、起火点、火灾蔓延方向的痕迹、物品。重要痕迹、物品照相时应放置位置标识；

d） 现场细目照相应拍照与引火源有关的痕迹、物品，反映痕迹、物品的大小、形状、特征等。照相时应使用标尺和标识，并与重点部位照相使用的标识相一致；

e） 现场照片及其底片或者原始数码照片应统一编号，与现场勘验笔录记载的痕迹、物品一一对应。

4.7 现场痕迹物品提取和委托鉴定

4.7.1 火灾现场勘验过程中发现对火灾事实有证明作用的痕迹、物品以及排除某种起火原因的痕迹、物品，都应及时固定、提取。现场中可以识别死者身份的物品应提取。

4.7.2 现场提取火灾痕迹、物品，火灾现场勘验人员不应少于二人并应有见证人或者当事人在场。

4.7.3 提取痕迹、物品之前，应采用照相或录像的方法进行固定，量取其位置、尺寸，需要时绘制平面或立面图，详细描述其外部特征，归入现场勘验笔录。

4.7.4 提取后的痕迹、物品，应根据特点采取相应的封装方法，粘贴标签，标明火灾名称、提取时间、痕迹、物品名称、序号等，由封装人、证人或者当事人签名，证人当事人拒绝签名或者无法签名的，应在标签上注明。检材盛装袋或容器应保持洁净，不应与检材发生化学反应。不同的检材应单独封装。

4.7.5 提取电气痕迹、物品应按照以下方法和要求进行：

a） 采用非过热切割方法提取检材；

b） 提取金属短路熔痕时应注意查找对应点，在距离熔痕 10 cm 处截取。如果导体、金属构件等不足 10 cm 时，应整体提取；

c） 提取导体接触不良痕迹时，应重点检查电线、电缆接头处、铜铝接头、电器设备、仪表、接线盒和插头、插座等并按有关要求提取；

d） 提取短路迸溅熔痕时采用筛选法和水洗法。提取时注意查看金属构件、导线表面上的熔珠；

e） 提取金属熔融痕迹时应对其所在位置和有关情况进行说明；

f） 提取绝缘放电痕迹时应将导体和绝缘层一并提取，绝缘已经炭化的尽量完整提取；

g） 提取过负荷痕迹，应在靠近火场边缘截取未被火烧的导线 2 m～5 m。

4.7.6 提取易燃液体痕迹、物品应在起火点及其周围进行，提取的点数和数量应足够，同时在远离起火点部位提取适量比对检材，按照以下提取方法和要求进行：

a） 提取地面检材采用砸取或截取方法。水泥、地砖、木地板、复合材料等地面可以砸取或将留有流淌和爆裂痕迹的部分进行切割。各种地板的接缝处应重点提取，泥土地面可直接铲取；提取地毯等地面装饰物，要将被烧形成的孔洞内边缘部分剪取；

b） 门窗玻璃、金属物体、建筑物内、外墙、顶棚上附着的烟尘，可以用脱脂棉直接擦取或铲取；

c） 燃烧残留物、木制品、尸体裸露的皮肤、毛发、衣物和放火犯罪嫌疑人的毛发、衣物等可以直接提取；

d） 严重炭化的木材、建筑物面层被烧脱落后裸露部位附着的烟尘不予提取；

e） 按照 GB/T 20162 规定的数量提取检材。

4.7.7 现场提取痕迹、物品应填写《提取火灾痕迹、物品清单》，由提取人和见证人或者当事人签名；见证人、当事人拒绝签名或者无法签名的，应在清单上注明。

4.7.8 需要进行技术鉴定的火灾痕迹、物品，由公安机关消防机构委托依法设立的物证鉴定机构进行，并与物证鉴定机构约定鉴定期限和鉴定检材的保管期限。

4.7.9 公安机关消防机构认为鉴定存在补充鉴定和重新鉴定情形的，应委托补充鉴定或者重新鉴定。补充鉴定可以继续委托原鉴定机构，重新鉴定应另行委托鉴定机构。

4.7.10 现场提取的痕迹、物品应妥善保管，建立管理档案，存放于专门场所，由专人管理，严防损毁或者丢失。

4.8 现场询问

4.8.1 火灾现场勘验人员到达火灾现场，应立即开展调查询问工作，收集调查线索，确定调查方向和重点。现场询问应及时、合法、全面、细致、深入、准确。

4.8.2 火灾现场勘验人员进行现场询问时应出示证件，告知被询问人必须依法履行如实作证的义务和作伪证或者隐匿罪证应承担的法律责任。

4.8.3 现场正式询问时，询问人不应少于二人，并应首先了解证人的身份及与火灾有无利害关系。询问结束后，被询问人和询问人应分别在询问笔录上签名。

4.8.4 询问不满十六周岁的未成年人时，应有其父母或者其他监护人在场。其监护人确实无法通知或者通知后未到场的，应在询问笔录中注明。

4.8.5 现场询问根据火灾调查需要，有选择地询问火灾发现人、报警人、最先到场扑救人、消防员、火灾发生前最后离开起火部位人、熟悉现场周围情况和生产工艺人、值班人、火灾肇事人、火灾受害人、围观群众中议论起火原因、火灾蔓延情况的人和其他知情人。

4.8.6 现场询问的主要内容是：

a） 发现起火的时间、起火部位、起火特征、火灾蔓延过程；

b） 异常气味、声音；

c） 火灾发生时现场人员活动情况以及是否发现有可疑人员；

d）用火、用气、用电、供电情况；

e） 机器、设备运行情况；

f） 物品摆放情况；

g） 火灾发生之前是否有雷电过程发生等。

4.8.7 进行询问的人员应查看现场，熟悉火灾现场情况。现场询问得到的重要情况，应和火灾现场进行对照，必要时可以带领证人、当事人到现场进行指认或进行现场实验。

4.9 现场实验

4.9.1 为了证实火灾在某些外部条件、一定时间内能否发生或证实与火灾发生有关的某一事实是否存在，可以进行现场实验。

4.9.2 现场实验由火灾现场勘验负责人根据调查需要决定。

4.9.3 现场实验应验证如下内容：

a） 某种引火源能否引燃某种可燃物；

b） 某种可燃物、易燃物在一定条件下燃烧所留下的某种痕迹；

c）某种可燃物、易燃物的燃烧特征；

d） 某一位置能否看到或听到某种情形或声音；

e） 当事人在某一条件下能否完成某一行为；

f） 一定时间内，能否完成某一行为；

g）其他与火灾有关的事实。

4.9.4 实验应尽量选择在与火灾发生时的环境、光线、温度、湿度、风向、风速等条件相似的场所。现场实验应尽量使用与被验证的引火源、起火物相同的物品。

4.9.5 实验现场应封闭并采取安全防护措施，禁止无关人员进入。实验结束后应及时清理实验现场。

4.9.6 现场实验应由二名以上现场勘验人员进行。现场实验应照相，需要时可以录像，并制作《现场实验报告》。实验人员应在《现场实验报告》上签名。

4.9.7 《现场实验报告》应包括以下内容：

a） 实验的时间、地点、参加人员；

b） 实验的环境、气象条件；

c） 实验的目的；

d）实验的过程；

e） 实验使用的物品、仪器、设备；

f） 实验得出的数据及结论；

g） 实验结束时间，参加实验人员签名。

4.10 现场分析

4.10.1 现场分析可以根据调查需要按阶段、分步骤或者随机进行，由火灾现场勘验负责人根据调查需要决定并主持。

4.10.2 现场分析时火灾现场勘验人员交换现场勘验和调查询问情况，将收集的证据和线索逐一进行筛选，排除无关、虚假证据和线索，通过分析认定火灾的主要事实。

4.10.3 现场分析和认定的主要内容包括：

a） 有无放火嫌疑；

b） 火灾损失、火灾类别、火灾性质、火灾名称；

c） 报警时间、起火时间、起火部位、起火点、起火原因；

d） 下一步调查方向、需要排查的线索、调查的重点对象和重点问题；

e） 是否复勘现场；

f） 提出是否聘请专家协助调查的意见；

g） 现场处理意见；

h） 火灾责任人；

i） 其他需要分析、认定的问题。

4.10.4 现场分析应做好记录。

4.10.5 下列情形为放火案件线索：

a） 尸体有可疑的非火灾致死特征；

b） 现场有来源不明的引火源、引火物，或有迹象表明用于放火的器具、容器、登高工具等；

c） 建筑物门窗、外墙有非施救或逃生人员所为的破坏、攀爬痕迹；

d） 非放火不可能造成两个以上起火点的；

e） 监控录像记录有可疑人员活动的；

f） 同一地区有相似火灾重复发生的；

g） 其他非人为不可能引起火灾的。

4.11 现场处理

4.11.1 现场勘验、调查询问结束后，由火灾现场勘验负责人决定是否继续保留现场和保留时间。具有下列情形之一的，应保留现场：

a） 造成重大人员伤亡的火灾；

b） 可能发生民事争议的火灾；

c） 当事人对起火原因认定提出异议，公安机关消防机构认为有必要保留的；

d） 具有其他需要保留现场情形的。

4.11.2 对需要保留的现场，可以整体保留或者局部保留，应通知有关单位或个人采取妥善措施进行保护。对不需要继续保留的现场，及时通知有关单位或个人。

参 考 文 献

［1］ 中华人民共和国消防法.

［2］ 公安部令第 108 号.火灾事故调查规定.

［3］ 公安部令第 61 号.机关、团体、企业、事业单位消防安全管理规定.

［4］ 公安部令第 88 号.公安机关办理行政案件程序规定.

［5］ 公安部令第 35 号.公安机关办理刑事案件程序规定.

［6］ 公通字［2005］54 号.公安机关刑事案件现场勘验检查规则.

ICS 13.220.01
C 80

中华人民共和国消防救援行业标准

XF/T 1034—2012

火灾事故调查案卷制作

Documentation of fire investigation archives

2012-12-26 发布　　2013-01-01 实施

中华人民共和国应急管理部　公布

前　言

根据公安部、应急管理部联合公告(2020 年 5 月 28 日)和应急管理部 2020 年第 5 号公告(2020 年 8 月 25 日),本标准归口管理自 2020 年 5 月 28 日起由公安部调整为应急管理部,标准编号自 2020 年 8 月 25 日起由 GA/T 1034—2012 调整为 XF/T 1034—2012,标准内容保持不变。

本标准按照 GB/T 1.1—2009 给出的规则起草。

本标准由公安部消防局提出。

本标准由全国消防标准化技术委员会火灾事故调查分技术委员会(SAC/TC 113/SC 11)归口。

本标准起草单位:黑龙江省公安消防总队、公安部消防局。

本标准主要起草人:刘宏伟、潘洵、孙一飞、王刚、韩子忠、崔军、刘伟、张凤和、李锦成、米文忠、刘学礼、邹金鹏、潘庭印、单伟、吴庆彬、曾文伟。

本标准为首次发布。

引　言

火灾事故调查是公安机关消防机构的重要职责，是公安机关消防机构办理火灾行政、刑事案件的基础。火灾事故调查案卷的制作质量是反映公安机关消防机构火灾事故调查工作规范化的重要载体。

我国火灾事故调查专业人员经过多年的火灾事故调查实践，积累了火灾事故调查案卷制作的丰富经验，并形成了较为科学、系统的技术手段和管理成果。但是，我国目前尚缺少火灾事故调查案卷制作标准。为使火灾事故调查案卷的制作更加科学、系统、规范和统一，确保火灾事故调查案卷的制作质量，适应当前执法规范化建设和当事人法律维权意识普遍提高的现实要求，依据现行消防法律法规，制定本标准。

火灾事故调查案卷制作

1 范围

本标准规定了火灾事故调查案卷的术语和定义,案卷分类,案卷内容,封面、目录、页号和备考表以及材料整理等。

本标准适用于火灾事故调查案卷的制作。

2 规范性引用文件

下列文件对于本文件的应用是必不可少的。凡是注日期的引用文件,仅注日期的版本适用于本文件。凡是不注日期的引用文件,其最新版本(包括所有的修改单)适用于本文件。

GB/T 5907 消防基本术语 第一部分

3 术语和定义

GB/T 5907 界定的以及下列术语和定义适用于本文件。

3.1

火灾事故调查案卷 fire investigation archive

将火灾事故调查过程中形成的所有以文字、图表、图片等为载体的资料,按照规定顺序和方法装订成册的案卷,可附视听资料和电子数据。

4 案卷分类

火灾事故调查案卷分为火灾事故简易调查卷、火灾事故调查卷、火灾事故认定复核卷。

5 案卷内容

5.1 火灾事故简易调查卷

5.1.1 火灾事故简易调查卷应包括以下内容:

a) 卷内文件目录;

b) 火灾事故简易调查认定书;

c) 现场调查材料;

d) 其他有关材料;

e) 备考表。

5.1.2 火灾事故简易调查卷应以每起火灾为单位,以报警时间为序,按季度或年度立卷归档。

5.2 火灾事故调查卷

5.2.1 火灾事故调查卷应包括以下内容:

a) 卷内文件目录;

b） 火灾事故认定书及审批表；
c） 火灾报警记录；
d） 询问笔录、证人证言；
e） 传唤证及审批表；
f） 火灾现场勘验笔录，火灾痕迹物品提取清单；
g） 火灾现场图、现场照片或录像；
h） 鉴定、检验意见，专家意见；
i） 现场实验报告、照片或录像；
j） 火灾损失统计表，火灾直接财产损失申报统计表；
k） 火灾事故认定说明记录；
l） 火灾事故技术调查报告；
m） 送达回证；
n） 其他有关材料；
o） 备考表。

5.2.2 复核机构作出责令原认定机构重新作出火灾事故认定后，原认定机构作出火灾事故重新认定的有关文书材料等，按照火灾事故调查卷的要求立卷归档。

5.3 火灾事故认定复核卷

火灾事故认定复核卷应包括以下内容：

a） 卷内文件目录；
b） 火灾事故认定复核决定书/复核终止通知书及审批表；
c） 火灾事故认定复核申请材料及收取凭证；
d） 火灾事故认定复核申请受理通知书；
e） 原火灾事故调查材料复印件；
f） 火灾事故认定复核的询问笔录、证人证言、现场勘验笔录、现场图、照片等；
g） 火灾事故复核认定说明记录；
h） 送达回证；
i） 其他有关材料；
j） 备考表。

6 封面、目录、页号及备考表

6.1 封面

6.1.1 案卷封面格式见附录A。

6.1.2 封面填写应符合以下要求：

a） 全宗名称：一般填写公安机关消防机构全称，全称过长的可填写规范化简称；
b） 类别名称：填写“火灾事故调查档案”；
c） 案卷题名：填写发生火灾的单位或地址、发生火灾的日期、火灾性质。填写题名应遵守以下规则：
   1） 发生火灾的单位或地址：机关、团体、企业、事业等单位用工商营业执照等法定证明文件上的名称，城镇居民、农村村民住宅用住宅住址；
   2） 发生火灾的日期：具体到月、日，用阿拉伯数字表示，中间用圆点分隔；
   3） 火灾性质：按照公安部有关火灾等级标准确定的“一般火灾”应表示为“火灾”，较大以上火灾直接填写较大火灾、重大火灾、特别重大火灾等。

d） 卷内文件起止时间：卷内最早一份文件材料形成或收集的年、月至最晚一份文件材料形成或收集的年、月；

e） 保管期限：

1） 保管期限起算时间：立卷时应划定案卷的存留期限，保管期限从结案后第二年开始算起；

2） 火灾事故简易调查卷保管期限为5年，较大以上火灾事故调查卷保管期限为50年，其他火灾事故调查案卷保管期限为16年至50年。

f） 立卷单位：填写具体负责火灾事故调查的公安机关消防机构名称，可使用规范化简称；

g） 卷数："本案共×卷，第×卷共×页"中，"本案共×卷"内用中文大写数字填写一案多卷所立案卷的总数，"第×卷"内用中文大写数字填写该卷在本案中的排序即册号，"共×页"用中文小写数字填写该案卷内文件的页数；

h） 其他：封面全宗号、类别号由立卷人填写，目录号、案卷号由档案管理人员填写。

6.2 目录

6.2.1 卷内文件目录格式见附录B。

6.2.2 目录填写应符合以下要求：

a） 顺序号：以卷内文件排列先后顺次填写的序号，即件号；

b） 文号：文件制发机关的发文字号；

c） 责任者：对档案内容进行制作或负有责任的团体和个人，即文件的署名者。填写责任者应遵守以下规则：

1） 机关、团体、企业、事业等单位责任者一般填写全称，也可填写规范化简称，不应著录"本市""本局"；

2） 个人责任者一般只填写姓名，必要时在姓名后填写对档案负有责任的职位、职称或其他身份，并用"（ ）"表示；

3） 联合行文的责任者，应填写列于首位的责任者，立卷单位本身是责任者的也应填写，两个责任者之间的间隔用"；"，被省略的责任者用"等"表示。

d） 题名：即文件的标题，应填写全称。没有标题或标题不能说明文件内容的文件，应自拟标题，外加"[ ]"号；

e） 日期：填写制作或收集材料的日期。填写时以8位阿拉伯数字表示，其中前四位表示年，后四位表示月、日，月、日不足2位的，前面补"0"；

f） 页号：填写每件文件首页所对应的页号。

6.3 页号

卷内材料，除卷内文件目录、备考表、空白页、作废页外，应在正面右上角和反面左上角用铅笔逐页编写阿拉伯数字页号，页号从"1"编起，为流水号，不应重复和漏号。

6.4 备考表

6.4.1 备考表格式见附录C。

6.4.2 备考表填写应符合以下要求：

a） 本卷情况说明：填写卷内文件缺损、修改、补充、移出、销毁等情况。立卷后发生或发现的问题由有关的档案管理人员填写并签名、标注时间；

b） 立卷人：由火灾调查人员立卷并签名；

c） 检查人：由档案管理人员检查并签名；

d） 立卷时间：立卷完成的日期。

7 案卷材料整理

7.1 一般要求

7.1.1 案卷材料整理时应审查入卷材料的客观性、合法性、关联性，无关材料应剔除。

7.1.2 入卷材料应齐全完整，制作规范。字迹应清楚，采用具有长期保留性能的笔、墨书写或打印。法律文书及证据材料应翔实准确。

7.1.3 案卷装订应符合以下要求：

a） 装订前应去掉文件材料上的订书钉、大头针和回形针等金属物；

b） 对大小不一的文书材料及其他不便装订的材料，应进行加工裱糊；

c） 纸张规格不一的，应进行剪裁或折叠处理；

d） 用铅笔或圆珠笔书写的文字材料不能重新制作的，应复制一份放在原件之后一并入卷；

e） 装订时应采取右齐、下齐、三孔双线、左侧装订的方法；

f） 案卷材料较多时应分册装订，每册不宜超过 200 页。

7.1.4 入卷材料及法律文书应重点审查以下内容：

a） 应由本人签名的是否有本人签名；

b） 应经法律审核的是否经法制部门审核；

c） 应加盖印章的是否加盖印章。

7.1.5 火灾事故调查案卷应在《火灾事故认定书》送达之日起 30 日内立卷，并按规定装订成册。

7.2 火灾现场照片整理

7.2.1 纸张要求

7.2.1.1 贴附照片的纸张应使用 200 g/m^2～250 g/m^2 的卡片纸或白板纸，也可使用照片级打印纸直接打印装订。打印应使用 90 g/m^2～150 g/m^2 的白色纸张。

7.2.1.2 正页幅面尺寸应与目前国家机关公文用纸标准的幅面尺寸一致。

7.2.1.3 当正页粘贴不下一个段落层次的多张照片时，可在翻口接续折页，折页为扇形折，折页幅面长度应与正页一致，宽度 182 mm，折页接续数量以不超过 7 页为宜。上下两边不应连续折页。

7.2.2 编排组合

7.2.2.1 照片的编排顺序应清楚反映火灾发生的地点、烧毁物品、火灾蔓延过程、起火部位、起火点、起火物，烟熏、火烧痕迹，人员死亡、受伤状况，以及其他痕迹物证的位置与特征，与火灾现场勘验笔录相互印证。

7.2.2.2 照片数量较少时，可按方位、概貌、重点部位的顺序，穿插细目照片编排。照片数量较多且应进行详细描述时，可按照片的内容类别分层次编排。

7.2.2.3 火灾现场范围大或涉及单位较多时，可依照勘验顺序按细目照相的内容划分段落进行编排。照片编排可由传统洗印照片粘贴，也可由数码相机拍照通过电脑编排打印。

7.2.3 粘贴布局

7.2.3.1 粘贴照片卡片纸的图文区为 156 mm×225 mm。上白边(天头)为 37 mm±1 mm，下白边(地脚)为 35 mm±1 mm，左白边(订口)为 28 mm±1 mm，右白边(翻口)为 26 mm±1 mm。除连接照片与横长照片可占用左右白边或横跨两个版面外，其他照片均应粘贴在图文区。

7.2.3.2 单幅照片应粘贴在图文区中心偏上部位。

7.2.3.3 两幅以上照片应上顶天头下至地脚，或左至订口右至翻口（包括文字说明）。画幅尺寸相同或近似的两张或两张以上照片在同一页面上横向并列时，照片上下两边应平齐；竖向并列时，左右两边应平齐。照片间距不应小于 5 mm。

7.2.3.4 照片的文字说明应视版面组合情况附在照片的下方或右侧。

7.2.3.5 细目照片的定位，应与所属主画面上反映的方向一致，不应颠倒。

7.2.4 黏合剂使用

7.2.4.1 粘贴照片应使用不与照片乳剂、成色剂产生化学反应而致照片变色的黏合剂，不应使用糨糊。

7.2.4.2 黏合剂不应全面涂抹，应点涂于照片背面的四角或周边，用量不宜过多，点涂位置不宜过分靠边。

7.2.4.3 粘贴后的照片应及时压紧固定，压紧前应在折页之间衬纸，避免照片乳剂受潮后相互黏合。

7.2.5 标引、符号、代号

7.2.5.1 凡主画面与若干附属画面组合在同一或相邻版面时，非经标引不能表达主题内容与位置关系的应加标引。

7.2.5.2 使用标引线应符合以下要求：

a） 标引线应为连续的单线条，线条宽度不宜超过 0.8 mm；

b） 标引线颜色以红色或黑色为宜，用色种类不宜过多；

c） 标引线应平行于卡片纸的一边，必要时可以用折线，折线应为直角；

d） 一条标引线的折角不应超过两处；

e） 标引线的线端指向应准确，不应离标引位置太远；

f） 不应把线端画在较小的被标引对象上；

g） 当标引线通过与线条颜色相同或相近的照片影像部位时，应改为易于辨别的颜色通过该部位；

h） 标引线不应互相交叉。

7.2.5.3 为直接明了地在画面上标示现场、重点部位、细目或痕迹物证特征的具体位置，以及现场方位、概貌照片的坐标方向，可使用符号、代号。

7.2.5.4 使用符号、代号应符合以下要求：

a） 符号、代号应用红色、黑色或白色标画；

b） 线条宽度不应大于 0.5 mm，符号、代号长度不应大于 5 mm；

c） 符号、代号应清晰醒目，种类不宜繁多；

d） 符号、代号标画的位置应准确；

e） 画面需要标注的符号、代号较多或不宜在画面上标注符号、代号时，应用标引线引至画面以外的图文区标注。

7.2.6 文字说明

7.2.6.1 照片文字说明应符合以下要求：

a） 每张照片应附文字说明，载明照片题名、拍摄方向、拍摄人、拍摄时间；

b） 标注符号、代号的照片，应对符号、代号所示内容附注文字说明；

c） 用相向、多向、十字交叉等方法拍摄的多张方位、概貌照片和通过特种光源拍摄的痕迹物证照片，应对拍照方法、手段附注简略的文字说明；

d） 划分段落层次的照片，应在段落层次前附以概括内容的标题性文字说明。

7.2.6.2 文字说明用语应符合以下要求：

a） 术语应与相关专业的规范术语一致；

b） 专业性较强的内容，应经参与现场勘验的有关专业人员审定；
c） 数字宜采用阿拉伯数字，有小数时宜使用小数，不宜使用分数；
d） 不带计量单位的10以内数字，可按中文“一、二、三、……”书写；
e） 计量单位应采用法定计量单位，并使用法定的符号或代号；
f） 不应使用“同上”或“同左”等用语。

7.2.6.3 文字说明应填写在照片下方或右侧，距照片边缘5 mm～10 mm，居中。字体宜使用宋体或楷体，字号应根据内容有所区别。

7.3 视听资料、电子数据整理

视听资料、电子数据等原始存储介质应按有关规定存档保管，同时刻制备份光盘。

7.4 电子案卷处理

按照执法档案管理规定和执法信息化要求建立的电子案卷，应采取将其刻制成光盘等方式，按照规定进行物理归档。

7.5 卷内光盘存放

火灾事故调查中按照7.3规定制作光盘的，应在火灾事故调查案卷内相应位置或备考表上注明，并在卷尾粘贴一用不低于80 g/m^2 的纸张制作的纸袋，将光盘装入纸袋，随卷一同保管。

附　录　A
（规范性附录）
案卷封面格式

案卷封面格式见图 A.1。

全宗号

类别号

目录号

案卷号

保管期限

（全宗名称）

（类别名称）

（案卷题名）

自　年　月至　年　月	保管期限	
本案共　卷 第　卷 共　页	立卷单位	

全宗号	类别号	目录号	案卷号

图 A.1　案卷封面格式

附　录　B
（规范性附录）
卷内文件目录格式

卷内文件目录格式见图 B.1。

卷 内 文 件 目 录

顺序号	责任者	文号	题　名	日期	页号	备注

图 B.1　卷内文件目录格式

附 录 C
（规范性附录）
备考表格式

备考表格式见图 C.1。

备 考 表

卷内情况说明：

立卷人______

检查人______

立卷时间______

图 C.1 备考表格式

参 考 文 献

[1] GB/T 9704　国家行政机关公文格式
[2] GB/T 9705　文书档案案卷格式
[3] GA/T 118　刑事照相制卷质量要求
[4] DA/T 12　全宗卷规范
[5] 火灾事故调查规定(公安部令第 121 号)
[6] 公安专业档案管理办法(公安部,2003.03)
[7] 火灾原因认定暂行规则(公安部消防局,2011.2)
[8] 公安消防执法档案管理规定(公安部消防局,2012.11)
[9] 中国消防手册第八卷(上海科学技术出版社,2006.12)

ICS 13.220.01
C 80

中华人民共和国消防救援行业标准

XF/T 1249—2015

火灾现场照相规则

Rules for photography of fire scene

2015-03-11 发布　　2015-03-11 实施

中华人民共和国应急管理部　公布

前言

根据公安部、应急管理部联合公告(2020年5月28日)和应急管理部2020年第5号公告(2020年8月25日),本标准归口管理自2020年5月28日起由公安部调整为应急管理部,标准编号自2020年8月25日起由GA/T 1249—2015调整为XF/T 1249—2015,标准内容保持不变。

本标准按照GB/T 1.1—2009给出的规则起草。

本标准由公安部消防局提出。

本标准由全国消防标准化技术委员会火灾调查分技术委员会(SAC/TC 113/SC 11)归口。

本标准负责起草单位:中国人民武装警察部队学院。

本标准参加起草单位:辽宁省公安消防总队、天津市公安消防总队。

本标准主要起草人:胡建国、刘义祥、邓亮、华菲、于春华、赵艳红、陈晓峰、李琛。

火灾现场照相规则

1 范围

本标准规定了火灾现场照相的术语和定义、照相器材、基本要求、拍照程序、拍照内容与方法、注意事项。

本标准适用于火灾现场勘验中的照相工作。

2 规范性引用文件

下列文件对于本文件的应用是必不可少的。凡是注日期的引用文件,仅注日期的版本适用于本文件。凡是不注日期的引用文件,其最新版本(包括所有的修改单)适用于本文件。

GB/T 23865 比例照相规则

GA/T 156 翻拍照相方法规则

GA/T 157 脱影照相方法规则

GA/T 222 近距离照相方法规则

GA/T 582 现场照相方法规则

GA/T 591 刑事照相设备技术条件

GA/T 592 刑事数字影像技术规则

GA/T 812 火灾原因调查指南

XF 839 火灾现场勘验规则

3 术语和定义

GA/T 812 界定的以及下列术语和定义适用于本文件。

3.1

火灾痕迹物证特征面 characteristic face of fire trace evidence

在外观上能够反映火灾痕迹物证特征的观察面。

3.2

标志物 marker

火灾现场存在的具有明显特征的建筑物、构筑物或其他物体。

4 照相器材

4.1 照相机

火灾现场照相所用照相机的技术条件应符合 GA/T 591、GA/T 592 的要求,优选数字照相机,也可选胶片式照相机。

4.2 照相镜头

应配备具有较大有效孔径并具有近摄功能的标准镜头和具有广角、中焦、望远功能的光学变焦镜头。

4.3 其他附件

火灾现场照相所用照相机应配备下列附件：

——闪光灯，能够与照相机匹配，要求闪光指数不小于GN28(ISO 100时)，闪光灯的头部在高低和左右方向可以改变角度；

——闪光同步器，大范围火灾现场控制多个闪光灯；

——三脚架，适宜火灾现场拍照并便于携带；

——滤光镜，与照相机镜头口径匹配的UV镜、PL镜等滤光镜；

——比例尺，适于各种痕迹物证拍照的黑白或彩色比例尺；

——遮光罩，与照相机镜头的口径匹配；

——备用电池及充电器。

5 基本要求

5.1 火灾现场照相的构图要完整，能充分反映画面的拍照意图。

5.2 应能清晰地反映出火灾现场的基本状况、火灾痕迹物品的状况与特征。

5.3 应充分利用现场光线条件，必要时可使用照明光源，确保照片色彩真实、曝光正确、影像清晰、反差适中。

5.4 场景拍照应记录拍照位置和拍照方向，并在平面图上标出每张照片的数字序号及拍照方向，反映出各画面间的关系。

5.5 数字影像宜采用JPEG、RAW、TIFF等格式。

5.6 火灾现场数字影像不得修改，应备份保存。

6 拍照程序

6.1 围绕火灾现场外围巡视，观察整个火灾现场及周围情况，制定拍照计划。

6.2 火灾现场拍照可随勘验程序进行，拍照原则为：

——先拍方位、概貌，后拍重点部位、细目；

——先拍原始的，后拍移动的；

——先拍易破坏消失的，后拍不易破坏消失的；

——先拍地面的，后拍高处的；

——先拍容易拍照的，后拍较难拍照的。

6.3 在整个现场勘验工作结束前，应检查有无漏拍、错拍以及技术性失误，根据需要及时补拍，并整理保存好现场照片。

7 拍照内容与方法

7.1 拍照内容

火灾现场拍照内容一般包括方位照相、概貌照相、重点部位照相和细目照相。根据火灾调查需要，可增加火灾现场实验照相。

7.2 方位照相

7.2.1 一般要求

火灾现场方位照相应反映出火灾现场所在位置及与周边环境的关系，并符合 GA/T 812 的规定。

7.2.2 取景构图

画面应以火灾现场为主体，环境为陪体，应包括标志物，宜采用以下方式完成拍照：

——采用远景、全景或鸟瞰的方式；

——选择距离中心现场较高、较远，能够反映火灾现场及环境特点的位置；

——将表示火灾现场所在位置的门牌号码、站(里程)牌、单位名称等画面拍照下来，以反映现场所在位置。

7.2.3 拍照方法

根据火灾现场类型、范围、器材及拍摄位置情况，宜选用下列拍照方法：

——范围较小的火灾现场采用单向拍照法；

——范围较大的火灾现场采用回转连续拍照法；

——周边环境复杂的火灾现场采用相向或多向拍照法。

7.3 概貌照相

7.3.1 一般要求

火灾现场概貌照相应反映出现场的范围、现场破坏的整体情况(破坏轻重程度的对比)及现场内各部位的相对位置关系。

7.3.2 取景构图

画面应包括整个火灾现场或火灾现场的主要区域(中心现场)，宜采用以下方式完成拍照：

——采用全景拍照；

——所选择的拍照位置以能够反映火灾现场全貌为原则，尽量避免重要场景、物体互相遮挡。

7.3.3 拍照方法

可采用单向、相向、多向拍照法或回转连续拍照法，并按照 GA/T 582 的规则执行。

7.4 重点部位照相

7.4.1 一般要求

火灾现场重点部位照相应反映出起火部位、尸体部位、痕迹物证所在部位等现场部位的状态及与周围物体的位置关系。

7.4.2 取景构图

画面应包括起火部位(点)或尸体、痕迹或可疑物品等所在部位以及与火灾原因有关的部位，宜采用以下方式完成拍照：

——采用中景或近景拍照；

——选择能够客观反映重点部位状况、特点及与周围物体关系的位置。

7.4.3 拍照方法

应在现场相应位置放置标牌(数字序号或英文字母),宜采用单向、相向拍照法或直线连续拍照法,并按照 GA/T 582 的规则执行。

7.4.4 V 形或 U 形痕迹部位拍照

照相机镜头的光轴应与痕迹所在平面垂直,取景范围应包括燃烧或烟熏痕迹本身、痕迹载体以及痕迹下方的残留物。

7.4.5 变色痕迹部位的拍照

应将变色部分与未变色部分一同摄入镜头。使用人工光源时,不应在画面上产生强烈的反射光斑。

7.4.6 木材及火场其他材料炭化痕迹部位的拍照

取景范围应包括木材及火场其他材料炭化区和未炭化区。

7.4.7 尸体部位的拍照

应在尸体两侧拍照,取景范围包括尸体及所在现场的部位。

7.4.8 物品及建筑物倒塌痕迹的拍照

应选择能够反映出倒塌方向的位置拍照。

7.5 细目照相

7.5.1 一般要求

火灾现场细目照相应能够反映出各种火灾痕迹物证本身的大小、形状、颜色、光泽等表面特征,并突出反映火灾痕迹物证特征面。

7.5.2 取景构图

画面应包括各种痕迹、物品本体,应反映其痕迹特征,宜采用以下方式完成拍照:

——采用近景或特写方法拍照;

——将照相机镜头光轴与痕迹物品所在平面保持垂直;

——在拍照物品时放置比例尺;

——提取现场物品时,按照 XF 839 的规则执行,先拍其在现场原始的状态及位置,然后再对物品本身拍照。

7.5.3 拍照方法

可采用翻拍、脱影、比例、近距等照相方法,并分别按照 GA/T 156、GA/T 157、GB/T 23865、GA/T 222 的规则执行。

7.6 实验照相

7.6.1 取景构图

火灾现场实验照相画面应包括火灾现场实验场地、实验器材、实验物品、实验现象及结果。火灾现场实验的情况还应录像。

7.6.2 拍照方法

拍照时,照相机时间设置应以秒显示。从实验开始时拍照,并对实验现象和结果,以及发生的明显变化进行拍照。

8 注意事项

8.1 火灾现场照相应充分利用自然光照明,室外现场拍照宜采用斜侧光或顺光拍照,逆光拍照时应使用遮光罩。现场光线较暗时,应采用闪光灯等人造光源照明,不宜采用大幅度提高感光度的方法。

8.2 拍照痕迹物证时,宜选择前侧光照明,以表现被摄体质感;拍照彩色痕迹物证时,照相机的白平衡设置应与现场光源色温相一致。

8.3 被摄主体与所处环境光差比较大时,应以主体亮度为准测光,确保主体曝光正确;当主体较暗时,可对主体补光。

8.4 取景构图时,应注意火烧、炭化、烟熏、破坏、颜色变化程度轻重的画面对比。

8.5 拍照时,照相机光圈的设置应满足景深和成像质量的要求。

8.6 现场照相及痕迹物证照相宜采用标准镜头,并注意垂直拍照,防止影像变形。

8.7 扑救火灾过程中的拍照,应在照片上显示拍照时间,以帮助分析火灾时的火势蔓延情况。

ICS 13.220.01
C 81

中华人民共和国消防救援行业标准

XF/T 1270—2015

火灾事故技术调查工作规则

Rules for technical investigation of fire accident

2015-09-28 发布　　2015-09-28 实施

中华人民共和国应急管理部　公布

前　言

根据公安部、应急管理部联合公告(2020年5月28日)和应急管理部2020年第5号公告(2020年8月25日),本标准归口管理自2020年5月28日起由公安部调整为应急管理部,标准编号自2020年8月25日起由GA/T 1270—2015调整为XF/T 1270—2015,标准内容保持不变。

本标准按照GB/T 1.1—2009给出的规则起草。

本标准由公安部消防局提出。

本标准由全国消防标准化技术委员会火灾调查分技术委员会(SAC/TC 113/SC 11)归口。

本标准负责起草单位:公安部消防局。

本标准参与起草单位:浙江省公安消防总队、江苏省公安消防总队。

本标准主要起草人:李彦军、徐景、王瑛、崔蔚、韩子忠、刘宏伟、薄建伟、张华东、王刚、张金宝、连长华、王海港、沈梁。

引 言

火灾事故技术调查是公安机关消防机构以吸取火灾事故教训为目的，从起火原因入手，综合调查火灾现场情况，采取现场勘查、模拟实验、询问目击者等方式，还原火灾发生、发展和蔓延的过程，查找事故发生、蔓延、失控、造成人员伤亡和损失的原因，及时总结、发现和解决防火、灭火工作中的技术问题，提出吸取教训、完善法制标准、改进工作建议而开展的技术性调查活动。及时有效地开展火灾事故技术调查，对深度分析火灾规律、推进消防科学技术发展、制定消防安全管理对策等具有十分重要的意义和作用。

为了指导和规范火灾事故技术调查工作，增强火灾事故技术调查的科学性、有效性和规范性，提高火灾事故技术调查工作质量，依据现行消防法律法规，制定本标准。

火灾事故技术调查工作规则

1 范围

本标准规定了火灾事故技术调查的术语和定义、一般要求、管辖分工、组织实施、调查内容、调查报告和结果运用，明确了火灾事故技术调查的程序和方法。

本标准适用于公安机关消防机构开展的火灾事故技术调查工作。

2 规范性引用文件

下列文件对于本文件的应用是必不可少的。凡是注日期的引用文件，仅注日期的版本适用于本文件。凡是不注日期的引用文件，其最新版本(包括所有的修改单)适用于本文件。

GB/T 5907(所有部分) 消防词汇

GA 502 消防监督技术装备配备

XF 839 火灾现场勘验规则

3 术语和定义

GB/T 5907(所有部分)、GA 502、XF 839 界定的以及下列术语和定义适用于本文件。

3.1

火灾现场 fire scene

发生火灾的区域和留有与火灾原因有关的痕迹、物证的场所。

3.2

火灾物证 physical evidence of fire scene

火灾现场中提取的，能有效证明火灾发生原因的物体及痕迹。

3.3

火灾事故技术调查 technical investigation of fire accident

以吸取火灾事故教训为目的，从起火原因入手，综合调查火灾现场情况，采取现场勘查、模拟实验、询问目击者等方式，还原火灾发生、发展和蔓延的过程，查找事故发生、蔓延、失控、造成人员伤亡和损失的原因，及时总结、发现和解决防火、灭火工作中的技术问题，提出吸取教训、完善法规标准、改进工作的建议而开展的技术性调查活动。

4 一般要求

4.1 火灾事故技术调查工作应坚持实事求是、尊重科学、客观独立的原则，遵循火灾科学和消防安全的客观规律。

4.2 火灾事故技术调查工作鼓励采取计算机模拟等技术。

5 管辖分工

5.1 发生下列火灾事故的，公安机关消防机构应组织开展火灾事故技术调查：

a） 造成 3 人以上死亡，或者 10 人以上重伤，或者 1 000 万元以上直接财产损失的火灾；

b） 自动消防设施未发挥作用且造成人员伤亡的火灾事故；

c） 经过特殊消防设计专家评审的建筑火灾事故；

d） 有公安消防队灭火救援人员死亡或 3 人以上重伤的火灾事故；

e） 受灾户 30 户以上或省级以上文物保护单位等发生社会影响较大的火灾事故；

f） 公安机关消防机构认为需要技术调查的其他火灾事故。

5.2 火灾事故技术调查的管辖按照下列分工确定：

a） 较大以上亡人火灾事故和有公安消防队灭火救援人员伤亡的火灾事故的技术调查由省级人民政府公安机关消防机构管辖；

b） 其他火灾事故的技术调查由设区的市及同级人民政府、直辖市的区县级人民政府公安机关消防机构管辖；

c） 公安部消防局或省级人民政府公安机关消防机构认为有必要时，可直接组织开展技术调查。

6 组织实施

6.1 成立火灾事故技术调查组，组长由公安机关消防机构负责人担任或指定，并根据需要选派消防法制、监督检查、建审验收、火灾调查、灭火救援、信息通信、消防产品、消防装备、消防科研等方面专业人员参加；可邀请标准化技术机构、科研机构、高等院校等相关行业领域的专业技术人员参加。

6.2 火灾事故技术调查组有权调阅有关案卷、资料，查看火灾现场，走访相关单位和人员，根据调查需要可以采取实地勘验、现场询问、火灾物证提取、委托检验鉴定、调查分析、现场实验等手段方法。火灾事故技术调查由组长指挥，参加调查人员分工合作。

6.3 火灾事故技术调查的启动时间不宜超过火灾事故认定依法作出后 30 个工作日。

6.4 涉嫌放火案件以及确认为生产安全事故的火灾，技术调查是否启动及启动时间应由公安部消防局或省级人民政府公安机关消防机构决定。

7 调查内容

7.1 起火场所

起火场所调查的主要内容包括：

a） 起火单位和建筑概况：起火场所权属、使用等主体情况，总平面布局，建筑层数、高度、面积、结构、使用功能，有无易燃易爆危险品，主要火灾危险性与危害性等；

b） 建筑防火及消防设施的设计、竣工验收情况；

c） 建筑防火及消防设施的实际情况：耐火等级、建筑物开口、防火分区、防烟分区、安全疏散、消防车通道、登高扑救面、消防救援场地、建筑消防设施、防火封堵、消防供配电、公共消防设施等；

d） 单位消防安全管理情况：安全管理组织、制度，用火用油用气管理，防火检查及火灾隐患整改，消防演练和宣传培训，消防设施维护保养，单位专职消防队、志愿消防队及装备配备，火灾保险情况等；

e） 消防安全监管情况：各级人民政府及其相关部门有关行政许可、监督管理，行业消防安全管理等情况。

7.2 火灾发生发展

火灾发生发展调查的主要内容包括：

a） 火灾情况：起火部位（或起火点）、起火原因，火灾损失和人员伤亡情况；

b） 火灾初起阶段情况：引火源、起火物、火源引燃起火物的过程；

c） 发现起火及初起火灾处置情况：发现起火经过，火灾报警人、报警时间及过程，初起火灾扑救的参与人及过程，消防控制室的值班、控制设备运行、火灾发生后处置情况，灭火器材和建筑消防设施使用或动作情况，消防产品质量情况；

d） 火灾发展阶段情况：火灾蔓延的过程和途径，火灾对建筑结构的破坏过程，防火分隔、建筑主要构件被火灾破坏情况，建筑空间与分隔、消防供水、消防车通道以及天气、地势等自然状况对火灾发生、发展、蔓延的影响；

e） 人员疏散逃生及伤亡情况：起火时现场人员的位置、工作和生活状态，现场人员组织疏散、逃生自救及进出火场情况，人员伤亡的具体位置、主要因素。

7.3 灭火救援

灭火救援调查的主要内容包括：

a） 接处警和力量调度情况：火警受理时间、力量调派记录、接处警录音记时及信息报告等情况；

b） 火灾扑救经过：火情侦查、初战力量、增援力量到场扑救、人员搜救、火场清理以及灭火救援战术组织、全勤指挥部组织指挥、社会联动等情况；

c） 消防设施使用情况：消防车通道、登高扑救面、消防救援场地使用，建筑消防设施使用，城市消防车道、消防水源使用，消防站、多种形式消防队及其装备使用等情况；

d） 有灭火救援人员伤亡的火灾事故应调查伤亡过程及造成伤亡的因素。

7.4 战勤保障

战勤保障调查的主要内容包括：

a） 消防装备配备保障情况：消防车辆、灭火抢险救援器材、消防员防护装备等消防装备配备和使用、灭火器材和灭火药剂的选用、消防装备质量、装备物资保障等情况；

b） 通信保障情况：报警线路设置，通信指挥网建设，接处警系统和无线通信组网、现场图像采集传输等通信器材配备、使用情况。

7.5 其他需要调查的内容

根据工作进展确定其他需要调查的内容。

8 调查报告

8.1 火灾技术调查报告的内容主要包括：

a） 前言：调查的目的、组织情况、简要过程及主要调查建议，调查组人员组成；

b） 火灾概况：报警时间、起火地点、起火单位或场所，过火面积、人员伤亡和火灾损失情况，起火原因；

c） 技术调查情况：起火单位或场所概况，火灾发生发展过程，灭火救援及战勤保障情况，单位消防安全管理情况，政府及部门消防监督管理情况等；

d） 火灾成因分析：

1） 引发火灾的直接原因；

2） 火灾蔓延失控的原因：包括建筑消防设计、消防设施、消防产品、消防安全技术、消防安全管理、消防法规执行等方面的原因和教训；

3） 人员伤亡和财产损失的原因；

4) 火灾报警和火灾扑救方面:包括火灾报警、初起火灾处置、灭火救援、消防装备使用等方面的原因和教训;

5) 公共消防设施建设方面;

6) 其他导致火灾失控、人员伤亡、财产损失的原因和教训;

e) 存在的主要问题;

f) 工作建议:对法律法规、标准规范、消防技术措施、单位消防安全管理、政府及部门消防监督管理、灭火救援及战勤保障、公共消防设施和消防装备、公民消防安全素质等方面的建议;

g) 研究课题建议:在防火、灭火方面需要进一步研究的课题;

h) 附件:有关现场图、照片、记录、图纸、文件、文书复印件及资料等。

8.2 火灾事故技术调查报告应经调查组全体讨论,由调查组全体成员签字。技术调查组成员对具体问题无法形成一致意见时,应在调查报告中对不同意见和理由分别进行说明。

8.3 技术调查组一般应自火灾事故认定之日起90个工作日内形成火灾事故技术调查报告;情况复杂疑难的,经公安机关消防机构负责人同意,可延长60个工作日。技术调查中需要进行检验、鉴定的,检验、鉴定时间不计入调查期限。

8.4 组织技术调查的公安机关消防机构应在火灾事故技术调查报告完成后7个工作日内上报至省级人民政府公安机关消防机构;重大以上火灾事故应在火灾事故技术调查报告完成后15个工作日内上报至公安部消防局。

8.5 火灾事故技术调查报告属于内部文件,其目的是总结、发现和解决防火、灭火工作中的技术问题,提出吸取教训、完善法规标准、改进工作的建议,不作为政府和有关部门事故调查和处理的依据,不属于当事人可申请查阅的范围。

9 结果运用

9.1 公安机关消防机构可结合技术调查报告提出的工作建议,部署调查研究或改进工作。

9.2 对涉及政府其他部门、机构工作职责范围的,公安机关消防机构可提请同级人民政府批转研究、落实,或函送有关部门、机构,提出工作建议。

9.3 省级人民政府公安机关消防机构每年应对火灾事故技术调查情况进行统计、总结、分析,研究地区消防安全和火灾规律,形成工作意见和建议,为完善法规标准建设、改进消防工作、推进消防科研等提供依据。

9.4 省级人民政府公安机关消防机构应在每年1月31日前将上一年度的火灾事故技术调查总结分析报告上报至公安部消防局。在火灾事故技术调查中发现重要情况,以及提出时效性较强的工作意见和建议的,可随时上报。

ICS 13.220.20
C 80

中华人民共和国消防救援行业标准

XF 1301—2016

火灾原因认定规则

Rules for fire cause determination

2016-06-07 发布　　2016-08-01 实施

中华人民共和国应急管理部　公布

前言

根据公安部、应急管理部联合公告(2020 年 5 月 28 日)和应急管理部 2020 年第 5 号公告(2020 年 8 月 25 日),本标准归口管理自 2020 年 5 月 28 日起由公安部调整为应急管理部,标准编号自 2020 年 8 月 25 日起由 GA 1301—2016 调整为 XF 1301—2016,标准内容保持不变。

本标准的全部技术内容为强制性。

本标准按照 GB/T 1.1—2009 给出的规则起草。

本标准由公安部消防局提出。

本标准由全国消防标准化技术委员会火灾调查分技术委员会(SAC/TC 113/SC 11)归口。

本标准主要起草单位:公安部消防局、公安部天津消防研究所。

本标准参加起草单位:广东省公安消防总队、黑龙江省公安消防总队、北京市公安消防总队、江苏省公安消防总队、云南省公安消防总队、河南省公安消防总队。

本标准主要起草人:王刚、米文忠、罗云庆、刘伟、陈岩、金开能、王成业、胡安雄、张万民、鲁志宝。本标准为首次发布。

引　言

火灾原因认定是对火灾现场勘验、调查询问以及物证鉴定等环节所获得的证据进行综合分析，并最终得出结论的过程。火灾原因认定是公安机关消防机构的法定职责，也是一项重要的消防技术工作。客观、准确地认定火灾原因，深入研究火灾发生、发展的规律，可以为防火、灭火工作提供经验和教训，为消防工作决策提供科学依据。

为了指导和规范公安机关消防机构火灾原因认定工作，提高火灾原因认定的科学性、准确性和公正性，维护火灾当事人的合法权益，依据国家现行消防法律、法规和规章制定本标准。

火灾原因认定规则

1 范围

本标准规定了火灾原因认定的一般要求、火灾证据、起火时间认定、起火部位(起火点)认定及起火原因认定。

本标准适用于公安机关消防机构按照一般程序对火灾原因的认定。

2 规范性引用文件

下列文件对于本文件的应用是必不可少的。凡是注日期的引用文件,仅注日期的版本适用于本文件。凡是不注日期的引用文件,其最新版本(包括所有的修改单)适用于本文件。

XF 839 火灾现场勘验规则

3 术语和定义

下列术语和定义适用于本文件。

3.1

起火物 initial fuel

最先被点燃的物质。

3.2

起火时间 ignition time

依据最早发现可燃物发烟或发光时间,向前推断认定起火物最初燃烧的时间概数。

3.3

起火原因 ignition cause

引燃起火物的原因。

4 一般要求

4.1 火灾原因认定应在火灾现场勘验、调查询问以及物证鉴定等环节取得证据的基础上,进行综合分析,科学作出认定结论。

4.2 作出火灾原因认定前应完成以下工作:

——火灾现场已按 XF 839 进行了勘验;

——制作了现场勘验笔录、绘制了现场图、进行了现场照相和录像;

——询问了发现人员、报警人员、扑救火灾人员,现场逃生人员,熟悉起火场所、部位、环境和生产工艺人员,火灾肇事嫌疑人和受害人等知情人员,并获取了相应的证据材料;

——收集了现场及周边的视频监控资料、网络资料和其他相关电子数据资料;

——对有人员死亡的火灾,依法获取了公安机关刑事科学技术部门出具的尸体检验文书;

——公安机关消防机构与公安机关刑事侦查部门共同调查的火灾,获取了公安机关刑事侦查部门出具的排除放火嫌疑的结论材料;

——提取或鉴定了有关物证；

——参加火灾调查的专家出具了专家意见；

——其他应进行的调查工作。

4.3 认定为放火嫌疑的火灾，按照有关规定应移送公安机关刑事侦查部门调查。经公安机关刑事侦查部门审查排除放火嫌疑的，公安机关消防机构应结合火灾调查情况，作出火灾原因认定。

4.4 正式出具《火灾事故认定书》前应进行以下工作：

——召集当事人到场，说明拟认定的火灾原因及认定依据；

——对当事人提出的新的事实、证据或者调查线索，应进行补充调查；

——当事人不到场的，应记录在案。

4.5 《火灾事故认定书》载明的起火原因应包括起火时间、起火部位（起火点）、引火源和起火物。

4.6 火灾名称应体现下列内容：

——发生火灾的单位或地址：机关、团体、企业、事业单位用单位公章或者工商登记的名称，城镇居民、农村村民住宅用住宅住址；

——发生火灾的日期：具体到月、日，用阿拉伯数字表示，中间用圆点分隔，加双引号；

——火灾等级："一般火灾"应表示为"火灾"，较大以上火灾直接填写"较大火灾""重大火灾"或"特别重大火灾"；

——经调查认定为放火嫌疑的火灾，名称中应加上"放火嫌疑案件"字样。

5 火灾证据

5.1 证据要求

5.1.1 证据的内容应能够真实反映火灾的客观事实。

5.1.2 证据应与火灾事实相关联。

5.1.3 全部证据对待证火灾事实应能够形成完整的证据链，证据之间没有矛盾，或者虽有矛盾但能够得到合理解释。

5.1.4 所有证据应经过审查判断才能作为认定火灾原因的依据。

5.1.5 收集证据的主体和程序应符合法定要求。

5.2 证据种类

下列材料可以作为证据：

——询（讯）问笔录、证人证言、现场指认记录；

——录音、视频资料、电子数据；

——现场勘验笔录，现场照相、录像，现场图；

——物证鉴定意见；

——专家意见；

——尸体检验文书；

——实物物证；

——调查实验笔录；

——其他证明火灾原因的证据材料。

5.3 证据审查

审查证据时应审查如下内容：

——询问人、被询问人、证人、当事人及调查人员签名是否符合要求；

——询问笔录、现场勘验笔录、现场照相、现场制图等记录的内容是否与火灾事实有关联、相互印证；

——提取物证的程序是否合法；

——公安机关刑事科学技术部门出具的尸体检验文书，内容是否齐全、死亡原因是否明确；

——公安机关刑事侦查部门出具的排除放火嫌疑的结论是否明确；

——专家意见/物证鉴定意见是否与火灾事实相符；

——出具物证鉴定意见的鉴定机构和鉴定人员资格是否合法有效；

——对不同鉴定机构作出的不一致的火灾物证鉴定意见，应比较鉴定使用的仪器设备、鉴定方法、鉴定人员经验等；

——助燃剂检测结论不能作为排除放火嫌疑的唯一证据；

——其他需要审查判断的内容。

6 起火时间认定

6.1 一般要求

6.1.1 应根据火灾现场的痕迹特点、燃烧特征、引火源种类、起火物类别、助燃物、引燃和燃烧条件等各种因素综合分析认定。

6.1.2 时钟等计时设备记录的时间应与北京时间进行比对校正。

6.1.3 起火时间可用某一时刻加“左右”或者“许”表示，也可以用时间段表示。

6.2 认定依据

应依据如下证据认定起火时间：

——火灾最先发现人提供的最初出现烟、火的时间；

——起火部位(起火点)钟表停摆时间；

——与起火原因关联的用火设施点火时间；

——与起火原因关联的电热设备通电或停电时间；

——起火部位处用电设备、器具出现异常时间；

——与起火部位关联的电气线路发生供电异常时间和停电、恢复供电时间；

——火灾自动报警系统和生产装置记录的报警或故障时间；

——视频资料显示最初发生火灾的时间；

——电子数据记录的与起火关联的时间；

——结合可燃物燃烧速度分析认定的时间；

——其他记录与起火有关的现象并显示时间的信息。

7 起火部位(起火点)认定

认定起火部位(起火点)应依据相关证据材料，并结合可燃物种类、分布、现场通风情况、火灾扑救、气象条件等因素对痕迹形成的影响，通过综合分析认定。认定的依据主要包括：

——物体受热面；

——物体被烧轻重程度；

——烟熏、燃烧痕迹的指向；

——烟熏痕迹和各种燃烧图痕；

——炭化、灰化痕迹；

——物体倒塌掉落的层次和方向；

——金属变形、变色、熔化痕迹及非金属变色、脱落、熔化痕迹；
——尸体的位置、姿势和烧损部位、程度；
——证人证言；
——火灾自动报警、自动灭火系统和电气保护装置的动作顺序；
——视频监控系统、移动电话、电脑和其他电子数据；
——其他证明起火部位(起火点)的信息。

8 起火原因认定

8.1 认定要求

8.1.1 应首先认定起火部位(起火点),并查明起火燃烧特征。
8.1.2 引火源、起火物可以用实物证据直接证明,也可用证据间接证明。
8.1.3 认定引火源和起火物应同时具备下列条件:
——引火源和起火物均在起火部位(起火点)内;
——引火源的能量足以引燃起火物;
——起火部位(起火点)具有火势蔓延条件。
8.1.4 对起火原因无法查清的,应写明有证据能够排除的起火原因和不能排除的起火原因。不能排除的起火原因不应多于两个,且不得作出起火原因不明的认定。
8.1.5 涉嫌放火案件不应列入不能排除的起火原因。

8.2 认定方法

8.2.1 排除认定法

应列举出所有起火原因,根据调查获取的证据材料,并运用科学原理和手段进行分析、验证,逐个加以否定排除,剩余一个原因即为起火原因。

8.2.2 直接认定法

当有视频录像、物证、照片或证人证言等直接证据能够直接证明起火原因时,可以直接认定起火原因,不用做其他原因的排除。

8.3 常见火灾原因认定

8.3.1 电气类火灾认定

认定电气类火灾时,应同时具有下列情形:
——起火时或者起火前的有效时间内,电气线路、电器设备处于通电或带电状态;
——电气线路、电器设备存在短路、过载、接触不良、漏电等电气故障或者发热等痕迹;
——电气故障点或发热点处存在能够被引燃的可燃物;
——可以排除其他起火原因。

8.3.2 涉嫌放火案件认定

下列情形可以作为认定涉嫌放火案件的依据:
——现场尸体有非火灾致死的特征;
——现场有来源不明的引火源、起火物,或者有迹象表明用于放火的器具、容器、登高工具等物品;
——建筑物门窗、外墙有非施救或者逃生人员造成的破坏、攀爬的痕迹;

——起火前物品被翻动、移动或者被盗；
——起火点位置奇特或者非故意不可能造成两个以上起火点；
——监控录像等记录有可疑人员接触起火部位(起火点)；
——同一地区相似火灾重复发生或者都与同一人有关系；
——起火点地面留有来源不明的易燃液体燃烧痕迹；
——起火部位或者起火点未曾存放易燃液体等助燃剂，火灾发生后检测出其成分；
——火灾发生前受害人收到恐吓信件、接到恐吓电话，经过线索排查不能排除放火嫌疑；
——其他非人为不可能引起火灾的情形；
——可以排除其他起火原因。

8.3.3 自燃火灾认定

下列情形可以作为认定自燃火灾的依据：
——起火点处存在足够数量的自燃类物质；
——有升温、冒烟、异味等现象出现；
——自燃物质有较重的炭化区、炭化或者焦化结块，炭化程度由内向外逐渐减轻；
——起火点处物体烟熏痕迹浓重；
——可以排除其他起火原因。

8.3.4 静电火灾认定

在排除了所有其他可能的起火原因后，同时具备下列情形时，可以认定为静电火灾：
——具有产生和积累静电的条件；
——具有足够的静电能量和放电条件；
——放电点周围存在爆炸性混合物；
——放电能量足以引燃爆炸性混合物；
——可以排除其他起火原因。

8.3.5 雷击火灾认定

认定雷击火灾时，应同时具有下列情形：
——当地、当时的气象部门监测的雷击时间与起火时间接近；
——金属、非金属熔痕、燃烧痕或者其他破坏痕迹明显，且所处位置与起火点吻合；
——雷击放电通路附近的铁磁性物质被磁化，可以测出较大剩磁；
——可以排除其他起火原因。

8.3.6 无焰火源火灾认定

认定烟蒂、蚊香等无焰火源火灾时，应同时具有下列情形：
——证人证实起火部位处有人吸烟、使用蚊香等无焰火源，并与起火时间相符；
——起火物为纸张、纤维植物等可以被无焰火源能量点燃的疏松物质；
——起火点处炭化或者灰化痕迹明显；
——可以排除其他起火原因。

参 考 文 献

［1］ 中华人民共和国消防法
［2］ 火灾事故调查规定，公安部令 121 号
［3］ 机关、团体、企业、事业单位消防安全管理规定，公安部令第 61 号
［4］ 公安机关办理行政案件程序规定，公安部令第 125 号
［5］ 公安机关办理刑事案件程序规定，公安部令第 127 号
［6］ 公安机关刑事案件现场勘验检查规则，公安部，2005

ICS 13.220.01
C 80

中华人民共和国消防救援行业标准

XF/T 1464—2018

火灾调查职业危害安全防护规程

Code of practice for protection of fire investigators against occupational hazards

2018-02-11 发布　　2018-05-01 实施

中华人民共和国应急管理部　公布

前言

根据公安部、应急管理部联合公告(2020 年 5 月 28 日)和应急管理部 2020 年第 5 号公告(2020 年 8 月 25 日),本标准归口管理自 2020 年 5 月 28 日起由公安部调整为应急管理部,标准编号自 2020 年 8 月 25 日起由 GA/T 1464—2018 调整为 XF/T 1464—2018,标准内容保持不变。

本标准按照 GB/T 1.1—2009 给出的规则起草。

本标准由公安部消防提出。

本标准由全国消防标准化技术委员会火灾调查分技术委员会(SAC/TC 113/SC 11)归口。

本标准负责起草单位:公安部天津消防研究所、公安部消防局。

本标准参加起草单位:黑龙江省公安消防总队、山西省公安消防总队、海南省公安消防总队、北京市公安消防总队、江苏省公安消防总队、湖南省公安消防总队、天津市公安消防总队、中国疾病预防控制中心职业卫生与中毒控制所、北京市劳动保护科学研究所。

本标准主要起草人:鲁志宝、米文忠、王鑫、刘伟、薄建伟、张华东、赵术学、陈岩、崔蔚、刘海燕、李剑、梁国福、陈永青、汪彤、朱晓俊、王培怡。

本标准为首次发布。

引　言

为有效防范和最大限度减轻火灾调查职业危害，明确和规范火灾现场安全防护措施，保障火灾调查人员的安全与健康，依据《中华人民共和国职业病防治法》《中华人民共和国安全生产法》等有关职业安全与健康的法律、法规及标准文件，制定本标准。

本标准中所提出的火灾调查人员职业安全防护措施为基本要求，鼓励按更高标准为火灾调查人员提供职业安全防护。

火灾调查职业危害安全防护规程

1 范围

本标准规定了火灾调查职业危害安全防护的术语和定义、总则、危害因素辨识与评估、安全防护要求、安全防护装备和职业安全健康管理等。

本标准适用于公安机关消防机构火灾调查人员在火灾调查过程中对常见危害的预防、控制及职业安全健康管理,开展或参加火灾调查的其他人员及其所属单位可参照执行。

2 规范性引用文件

下列文件对于本文件的应用是必不可少的。凡是注日期的引用文件,仅注日期的版本适用于本文件。凡是不注日期的引用文件,其最新版本(包括所有的修改单)适用于本文件。

GBZ 2.1 工作场所有害因素职业接触限值 第1部分:化学有害因素

GBZ 188 职业健康监护技术规范

GBZ 221—2009 消防员职业健康标准

GB 2893 安全色

GB 2894 安全标志及其使用导则

GB 8958 缺氧危险作业安全规程

XF/T 620 消防职业安全与健康

3 术语和定义

GBZ 221—2009、XF/T 620 界定的以及下列术语和定义适用于本文件。

3.1

火灾调查人员 fire investigator

为查明火灾事实、处理火灾事故而依法进行调查询问、现场勘验、损失统计、现场实验和物证鉴定等专门工作的人员。

3.2

危害因素 hazardous factor

对火灾调查人员造成伤害或疾病的突发性危险因素及慢性有害因素的统称。

3.3

职业健康 occupational health

反映火灾调查人员在工作生命阶段生理、心理上的良好状态。

3.4

个人防护装备 personal protection equipment

为消除或减少职业危害而配备给火灾调查人员的各种物品的总称。

3.5

健康促进 health promotion

火灾调查人员所属单位促使并帮助火灾调查人员形成有益健康工作和生活方式的干预活动。

3.6

健康监护档案　occupational health record

能够反映火灾调查人员健康状况的文字、图纸、照片、报表、录音、录像、影片等纸质及电子数据的历史记录。

4　总则

4.1　火灾调查职业危害安全防护工作应贯彻“安全第一、预防为先”的方针，坚持“科学预测、全程防护、长期跟踪”的原则。

4.2　火灾调查人员所属单位应开展职业安全与健康工作，并为火灾调查人员提供以下职业安全与卫生条件：

a）辨识和评估调查活动中的危害因素，进行实时监控和跟踪；

b）采取相应措施消除或减轻危害因素，配备个人防护装备；

c）开展健康促进工作，建立火灾调查人员健康监护档案；

d）法律、行政法规和相关标准中关于保护火灾调查人员职业健康的其他要求。

5　危害因素辨识与评估

5.1　基本要求

5.1.1　火灾调查人员在进入火灾现场前应遵照“先辨识、再评估、后进入”的原则，对危害因素进行辨识，并分析、预测和评估其危害程度，在采取有效控制和防范措施后，经现场勘验负责人同意方可进入现场开展工作。

5.1.2　危害因素辨识与评估工作可委托相关专业机构进行。

5.2　辨识与评估方法

5.2.1　火灾调查职业危害因素分类参见附录A，现场辨识的方法包括问询、观察、检测等。

5.2.2　火灾调查人员到达火灾现场后应观察、询问和了解以下内容，并分析可能存在的危害因素：

a）起火建筑结构形式、燃烧时间及烧损情况；

b）电气线路、设备带电及处置情况；

c）火灾现场存放易燃易爆、有毒、放射性、腐蚀性等危险化学品或致病微生物情况；

d）火灾现场管道、压力容器等设备、设施及物料是否存有泄漏、爆炸危险；

e）其他。

5.2.3　火灾调查人员可根据经验对辨识出的危害因素的危险、有害程度进行评估，采取相应措施后方可进入现场，必要时宜采用检查表法（见附录B）、专家评议法（参见附录C）、检测法（参见附录D）等进行专业评估。

5.2.4　对于毒性气体浓度、建筑结构稳定性等动态变化的危害因素可委托专业机构进行持续监测和评估。

6　安全防护要求

6.1　基本要求

6.1.1　进入火灾现场前，应根据危害因素的辨识及评估结果确定相应的防护措施，并设置警戒线及警示标志。标志设置应符合 GB 2893、GB 2894 的规定。

6.1.2 需要设置撤离通道的,应事先清理障碍物,设置标志并明确撤离信号(哨声、喇叭声),撤离通道的标识、撤离信号的发出应指定专人负责。

6.1.3 拍照、观察痕迹时,要注意现场周围环境情况,避免坠落、摔伤等危险的发生。

6.2 一般技术防护要求

6.2.1 建筑物及构件稳定性

现场如存在倒塌、坠落危险的建筑物及构件,应采取支撑加固、破拆(拆除)等措施。

6.2.2 空气质量安全

对于通风不良空间、化学品仓库以及有毒有害气体持续释放的场所,应采取通风换气及持续监测措施。通风换气可采取开洞或机械通风等措施。

6.2.3 电气安全

火灾调查人员进入现场时,要根据火灾或水渍对电气设备的破坏情况,检查是否存在单独布线或额外电源,对整个现场实行电源全部切断或部分切断,防止发生触电危险。火灾现场勘验所需的电气设备(照明、机械设备等)及电气线路应规范安装,保证绝缘良好。

6.2.4 机械设备安全

在使用切割、破拆工具以及叉车等机械设备时,应保持安全距离,待切割设备停止运转或托举稳定后方可进行勘验。

6.3 特殊环境的安全防护要求

6.3.1 高低温天气

6.3.1.1 高温天气或火灾现场环境温度不适宜勘验工作时,应采取轮换工作、适当增加休息时间和减轻劳动强度、减少高温时段室外作业等措施。具体调整措施包括:

a) 日最高气温达到 40 ℃以上,应停止当日室外工作;

b) 日最高气温达到 37 ℃以上、40 ℃以下时,现场勘验人员工作时间不应超过 5 h,并在 12 时—15 时期间不应安排室外工作;

c) 日最高气温达到 35 ℃以上、37 ℃以下(不含 37 ℃)时,应采取换班轮休等方式,缩短现场勘验人员连续工作时间,并且不应安排现场勘验人员加班;

d) 当采取降温措施使火灾现场温度低于 33 ℃时,可不执行 6.3.1.1a)和 b)的规定。

6.3.1.2 高温天气下进行现场勘验时,应准备必要的防暑降温用品、饮品和药品。

6.3.1.3 火灾调查人员出现中暑征兆时,应立即到通风阴凉处休息,并饮用含盐清凉饮料,必要时应及时就医。

6.3.1.4 低温天气下进行现场勘验时,应准备保暖防冻装备、用品和药品,必要时可设置车辆、房间等取暖场所。

6.3.2 登高、攀爬勘验

6.3.2.1 登高、攀爬勘验时应佩戴、使用高处作业安全防护装备,防止坠落。

6.3.2.2 可选用适宜的设备和工具减少登高、攀爬勘验时的危险,如举高车、无人机等。

6.3.3 有限空间

6.3.3.1 进入通风不良、缺氧、容易造成有毒、易燃可燃气体积聚的有限空间(隧道、管道、舱体、塔、地下室、井下等)勘验前应检测氧气、可燃性气体、有毒有害气体的浓度,采取相应的通风换气措施,并进行持续监测。

6.3.3.2 有限空间气体危险性可依据 GB 8958 和 GBZ 2.1 或委托专业机构进行评估。

6.3.3.3 当现场监测的气体浓度达到预警值时,所有现场勘验人员应立即撤离。

6.3.4 危险化学品现场

6.3.4.1 火灾调查人员应根据危险化学品的特性穿戴有效的个人防护装备。

6.3.4.2 危险化学品现场危害因素无法辨识的,应委托专业机构进行检测。

6.3.4.3 现场勘验结束后,应进行洗消。

6.3.5 其他现场的安全防护要求

对于一些特殊场所,火灾调查人员要根据场所特点及存放物质,进行相应处置后方可进行勘验:

a) 存在放射性物质的火灾现场,如医院、实验室、使用放射性物质的单位等,火灾调查人员应首先询问存在地点,并委托专业机构处置,待完全消除放射源后,方可进行勘验;
b) 存在特殊微生物、细菌的火灾现场,如医院、实验室、研究微生物、细菌的单位等,火灾调查人员应首先询问存在地点及种类,并委托专业机构处置,待完全消除后,方可进行勘验;
c) 存在大量锂电池的火灾现场,火灾调查人员应先进行通风,必要时应委托专业机构进行电池降温处理,待完全消除电池爆炸可能性后,方可进行勘验;
d) 肉类冷库或有较大数量人畜死亡的火灾现场,应委托防疫部门进行消毒和防疫;
e) 其他。

7 安全防护装备

7.1 基本要求

7.1.1 侦检装备和个人防护装备的种类和主要用途参见附录 E。在未经现场侦检,没有佩戴个人防护装备的情况下,火灾调查人员不应进入现场。

7.1.2 安全防护装备应定期保养,一旦性能失效,应及时更换。

7.1.3 暴露于危险化学品及核泄漏事故染毒区域内的火灾调查人员、勘验器材、安全防护装备应进行洗消。

7.2 个人防护装备的选用

7.2.1 火灾调查人员应根据火灾现场危害因素的种类和性质,以及个人防护装备的性能和用途,对个人防护装备进行选择和组合。在大多数火灾现场,勘验人员可穿戴火场勘查头盔或软帽、火场勘查服、火场勘查鞋等个人防护装备进行勘验。如需特殊或专用的个人防护装备,可另外配备或委托专业机构进行保障,如核辐射防护服、化学品防护服等。

7.2.2 现场勘验过程中个人防护装备不能满足安全要求时,应采取相应措施减少或消除危害,或待防护装备满足要求后进行勘验。

8 职业安全健康管理

8.1 管理人员

火灾调查人员所属单位应明确专职或兼职的职业安全健康管理人员，负责火灾调查人员的职业安全健康管理工作，开展职业健康促进，进行职业健康评估，并持续改进。

8.2 职业健康监护

8.2.1 职业健康监护内容

职业健康监护主要包括职业健康检查、应急健康检查、离岗后健康检查、心理测验、体能测试和职业健康监护档案管理等内容。

8.2.2 职业健康检查、应急健康检查、离岗后健康检查

8.2.2.1 基本要求

职业健康检查包括上岗前、在岗期间和离岗健康检查，火灾调查人员所属单位应组织火灾调查人员在省级以上人民政府卫生行政部门批准的具有健康检查资质的医疗卫生机构进行职业健康检查。应急健康检查和离岗后健康检查应在火灾调查人员所属单位指定的医疗卫生机构进行。

8.2.2.2 上岗前职业健康检查

火灾调查人员所属单位应对拟从事火灾调查工作的人员进行上岗前职业健康检查，检查时间为上岗前 30 d 内。查出职业禁忌证者不应安排从事其所禁忌的现场勘验、现场实验等作业。

8.2.2.3 在岗期间职业健康检查

火灾调查人员所属单位应对火灾调查人员进行在岗期间职业健康检查，检查周期为半年一次。

8.2.2.4 离岗职业健康检查

火灾调查人员所属单位应对离开(包括转业、退休等)火灾调查岗位的人员进行离岗时职业健康检查，确定其在停止接触职业危害时的健康状况。

8.2.2.5 应急健康检查

火灾调查人员所属单位应对执行火灾调查任务后，遭受或可能遭受急性职业危害的火灾调查人员及时组织有针对性的健康检查。

8.2.2.6 离岗后随访健康检查

火灾调查人员所属单位宜对长期从事火灾调查工作的人员在其离岗或退休后进行医学随访检查。

8.2.2.7 职业健康检查、应急健康检查和离岗后健康检查内容

职业健康检查、应急健康检查和离岗后健康检查内容主要包括个人基本信息资料、常规医学检查、特殊医学检查等。其中，个人基本信息资料、常规医学检查内容以及常见急性危害应急健康检查按GBZ 188规定执行；特殊医学检查应根据火灾调查人员接触或可能接触有害因素的情况增加检查项目，如进行重金属检测、电解质检测、外周血淋巴细胞染色体畸变率和微核率检测以及与呼吸系统相关的特殊检查项目等。

8.2.3 心理测验、体能测试

心理测验、体能测试可参照 GBZ 221—2009 规定执行。

8.2.4 职业健康监护档案

火灾调查人员所属单位应建立职业健康监护档案并按规定妥善保存。职业健康监护档案应至少包括以下内容,其他内容及管理应按 GBZ 221—2009 中附录 B 的有关规定执行:

a) 职业危害接触史(接触或可能接触的有害因素及接触时间等);

b) 火灾现场危害因素监测结果;

c) 健康检查结果及处理情况;

d) 职业病诊疗资料等。

8.3 职业健康促进

8.3.1 分类

火灾调查人员的职业健康促进包括职业健康培训、心理与精神疾病的预防控制及职业健康休养等。

8.3.2 职业健康培训

8.3.2.1 火灾调查人员所属单位每年应组织火灾调查人员进行职业健康安全教育培训,督促火灾调查人员遵守职业危害安全防护规程,指导火灾调查人员正确使用职业危害防护设施和个人防护装备。

8.3.2.2 火灾调查人员应接受职业健康培训,遵守职业危害防治法律、法规。

8.3.3 职业健康休养

8.3.3.1 火灾调查人员所属单位应保证火灾调查人员每年一次的职业健康休养。

8.3.3.2 危害大或连续工作时间长的火灾调查任务结束后,应安排火灾调查人员至少 15 d 的专项休养。

8.3.3.3 火灾调查人员所属单位应安排接触职业危害因素导致身体受到损伤或确诊患有心理性疾病的火灾调查人员接受治疗和休养。

8.4 职业健康评估

8.4.1 火灾调查人员所属单位应委托职业卫生专业机构对火灾调查人员的职业健康状况进行定期评估,具体措施参照 GBZ 221—2009 中附录 D 的有关规定执行。

8.4.2 火灾调查人员发生事故伤害或有与火灾调查职业病有关的症候,其所属单位应按国家有关规定进行工伤鉴定。

附 录 A
（资料性附录）
火灾调查职业危害因素

火灾调查职业危害因素见表A.1。

表A.1 火灾调查职业危害因素

种类	危害因素	危害后果
物理性因素	建筑物垮塌、建筑构件坠落	掩埋、砸伤
	尖锐物体	划伤、割伤、穿刺
	粉尘、燃烧残留物颗粒	呼吸道损伤
	带电线路及设备	触电
	高温物体	烧伤、烫伤
	低温物体	冻伤
	放射性物质	辐射损伤
	压力容器	爆炸伤害
	其他	其他
环境性因素	高层建(构)筑物、深坑	坠落
	湿滑、结冰及坑洼地面	摔伤、扭伤
	江河湖海及积水场所	溺水
	高温天气及日光	日光灼伤、中暑
	严寒天气及风雪	冻伤
	密闭空间、有限空间等缺氧环境	眩晕、休克、窒息
	其他	其他
化学性因素	易燃易爆物质	爆炸、燃烧
	有毒物质	中毒
	腐蚀性物质	腐蚀
	其他	其他
生物性因素	致病微生物	感染疾病
	传染病媒介物	感染传染病
	其他	其他
其他因素	心理压力	心理疾病
	身体疲劳	劳累、疾病、猝死
	过失行为	人身伤害
	防护不当	人身伤害
	其他	其他

附　录　B
（规范性附录）
火灾现场勘验安全检查表

火灾现场勘验安全检查表样式见表 B.1。

表 B.1　火灾现场勘验安全检查表

起火单位			
勘验人员			
勘验时间	年　月　日　时　分至　年　月　日　时　分		
火灾现场危害因素辨识[a]	（√/—）	火灾现场危害因素辨识[a]	（√/—）
建筑是否存在倒塌、坍塌等危险，梁、板、柱等建筑构件是否牢固		是否存在危化品，并确认了其种类、数量、分布及理化特性	
是否存在尖锐物、坠落物等		是否存在放射性物质	
地面是否存在塌陷、坑洞等		是否存在特殊微生物、细菌	
地面是否存在积水或结冰		肉类冷库或有较大数量人畜死亡的现场是否进行消毒和防疫	
是否存在可燃性气体		大量锂电池存在的火灾现场是否进行降温处理	
环境是否缺氧		勘验区域光亮程度是否适当	
是否存在有毒有害气体和粉尘颗粒		是否需要登高、攀高勘验	
总电源是否未关闭		是否存在有限空间勘验	
是否有不通过总电源控制的电气线路		是否在高低温天气期间勘验	
是否存在其他危害			
以上辨识出的危害因素是否已采取防护措施并确保安全[b]			
检查人员签字		勘验负责人签字	

[a] 火灾调查人员在进入火灾现场前应先进行危害因素的辨识与评估，并在表格中标记（是划√，否划—）。如存在表格中未列出的危害因素，应进行记录。检查人员填表完毕并签字后交给现场勘验负责人予以确认。

[b] 勘验负责人根据辨识结果应安排相关人员采取防护措施，配备防护装备，并在表格中记录。在确保现场安全、防护有效后，勘验负责人方可签字并允许勘验人员进入现场。

附 录 C
（资料性附录）
专家评议法

采用专家评议法评估火灾现场危险性是一种定性的方法，通过多名（一般为 5 名～7 名）专家的分析和讨论，在较短时间内完成对火灾现场的危险评估。该评估方法主要应用于较大或较复杂的火灾现场，以会议形式进行，并推举 1 名组长形成统一的专家意见，以文件记录形式保存（见表 C.1）。

表 C.1 火灾现场危害因素专家评议表

专家意见	
专家签名	

附 录 D
（资料性附录）
常见气体的检测仪器和检测方法

D.1 气体检测仪器的选择

火灾现场所处的场所和环境各不相同，存在各种有害气体。火灾调查人员可选择不同的直读式仪器进行快速检测，见表D.1。

表D.1 气体检测仪器的选择建议表

检测对象	仪器种类	适用场所
氧气	测氧仪	任何场所
可燃气体	可燃气体检测仪	任何场所(无检测响应的可燃气体除外)
	便携式气相色谱仪	任何场所
有毒气体	气体检测管	存在氨、氯气、一氧化碳、二氧化碳、二氧化硫、氮氧化物、氯化氢、甲醛、苯、甲苯、二甲苯、挥发性有机化合物(VOC)、三氯乙烯、四氯乙烯、油雾等场所
	便携式气相色谱仪	任何场所
	有毒气体探测器	存在氨、氯气、一氧化碳、硫化氢等有毒气体场所
	军事毒剂侦检仪	存在军事毒剂的场所

D.2 检测程序

D.2.1 通常按测氧气→测爆→测毒的顺序进行检测。

D.2.2 复合式仪器和便携式气相色谱仪可同时检测氧气、可燃气体和有毒气体，检测时，应按照检测仪器的说明书进行操作。

附　录　E
（资料性附录）
火灾调查人员安全防护装备

火灾调查人员安全防护装备目录见表 E.1。

表 E.1　火灾调查人员安全防护装备目录

类别	序号	装备名称	主要用途或技术性能
侦检装备	1	测氧仪	用于氧含量检测。量程：(0～30)%体积百分比，分辨率小于或等于 0.1%，具备报警功能，响应时间小于或等于 15 s
	2	有毒气体探测器	防爆、防水，能自动检测现场中多种有毒、有害气体并具备报警功能
	3	可燃气体探测器	防爆、防水，量程：(0～100)%LEL，分辨率小于或等于 1%LEL，具备报警功能
	4	气体检测管	一次性使用，应符合 GB/T 7230—2008 要求
	5	电子气象仪	现场温度、湿度、风速等气象参数检测，风速量程(1.1～20)m/s，准确度±3%；温度量程(－15～＋50)℃，准确度±1 ℃；湿度量程(0～100)%RH，准确度±3%
	6	万用表	用来测试电气线路带电情况及电压等级。具备交直流电压检测、交直流电流检测等功能
	7	电子酸碱测试仪	用来检测液体的 pH 值，pH 值量程范围 0～14，pH 值准确度±0.2，温度量程(0～60)℃，温度准确度±1 ℃
	8	便携式气相色谱仪	用于有毒、有害气体成分检测，最低检出限不大于 10^{-6}，检测浓度范围：(0～100)%，可检测氧气、氢气、氮气、一氧化碳、二氧化碳、甲烷、乙烷、乙烯、乙炔、丙烷等多种气体，线性范围小于或等于 10^{6}
	9	危化品检测仪	用于检测危险化学品的种类，根据检测目的需求配备不同种类的检测仪器，如拉曼光谱仪等
洗消装备	1	酸碱洗消器	化学灼伤部位的清洗
	2	强酸、碱清洗剂	手部或身体小面积部位的洗消
	3	单人洗消帐篷	火灾调查人员洗消，由气瓶或气泵、篷布、气柱、风浪绳等组成，与洗消泵、洗消箱、喷淋装置等配合使用
	4	洗消粉	按比例与水混合后，对人体、物品和场地的洗消
个人防护装备	1	火场勘查头盔/软帽	头部保护，火调标识明显。具备防冲击、防碰撞等功能。盔壳顶部单向开孔加强筋设计，具备透气防水功能。抗冲击应力小于或等于 3 400 N，耐穿刺性无碎片脱落，侧向刚性最大变形小于或等于 30。软帽内置热塑性材质内衬，加高密度海绵护垫
	2	护目镜、防护眼罩	眼部防护，具备防尘、防冲击、耐酸碱、耐腐蚀、防雾性等功能
	3	防护口罩、防毒面具、空气呼吸器	防护口罩应符合 GB 2626—2006 要求；防毒面具若用于颗粒物防护，应符合 GB 2626—2006 要求，若用于气体及蒸汽防护；应符合 GB 2890—2009 要求；空气呼吸器应符合 XF 124—2013 要求

表 E.1（续）

类别	序号	装备名称	主要用途或技术性能
个人防护装备	4	防护手套	手部防护，主要包括普通防护手套、绝缘手套、防酸碱手套、防割手套等，不同种类的防护手套要分别符合相关技术标准
	5	火场勘查服	火调标识明显，可拆卸式胸标和袖标，包括冬装、春秋装和夏装，具备防撕、防磨、防水、耐脏、透气等性能。冬装为可拆卸内胆式多功能服，多功能口袋设计，双袖口收口，可隐藏式防护帽。夏装包括长袖、半袖、裤子、马甲、T恤。长袖、半袖材质为超高支高密棉，丝绸处理，火调标识金属扣。马甲为拉锁式多功能口袋设计，后背式插袋。T恤为涤棉面料，翻领样式。春秋装包括夹克、裤子。夹克采用立领式样，多功能口袋，收口可调解式防风双袖口，裤子为双裤口拉链收口式样，口袋采用双线缝制。棉服、春秋装、马甲弹力格布面料抗撕破强力大于或等于10 N、拒水性能大于或等于4，耐洗、耐汗、耐晒色牢度大于或等于4
	6	火场勘查鞋	火调标识明显，全皮面料，具备抗冲击、防水、防磨、防滑、防穿刺、绝缘等功能。抗菌透气鞋垫、防沙鞋舌、高腰护踝鞋帮、塑料硬质包头。抗冲击性最小间距大于或等于 15 mm，耐压性最小间距大于或等于 19 mm，抗穿刺性所需要应力大于或等于 1 300 N，防水时间大于或等于 60 min
注：医院、核设施、生化研究所等单位发生火灾的现场，可选配军事毒剂侦检仪、核放射探测仪、移动式生物快速侦检仪等侦检装备。			

参 考 文 献

[1] GBZ 2.2—2007 工作场所有害因素职业接触限值 第2部分:物理因素
[2] GBZ 158—2003 工作场所职业病危害警示标识
[3] GBZ 159—2004 工作场所空气中有害物质监测的采样规范
[4] GBZ/T 160 工作场所空气有毒物质测定
[5] GBZ/T 206—2007 密闭空间直读式仪器气体检测规范
[6] GBZ/T 224—2010 职业卫生名词术语
[7] GB 2626—2006 呼吸防护用品 自吸过滤式防颗粒物呼吸器
[8] GB 2890—2009 呼吸防护 自吸过滤式防毒面具
[9] GB 3608—2008 高处作业分级
[10] GB/T 7230—2008 气体检测管装置
[11] GB/T 11651—2008 个体防护装备选用规范
[12] GB/T 12903—2008 个体防护装备术语
[13] GB 13733 有毒作业场所空气采样规范
[14] GB/T 29510—2013 个体防护装备配备基本要求
[15] XF 124—2013 正压式消防空气呼吸器
[16] AQ/T 4208—2010 有毒作业场所危害程度分级